JN025210

Basics of Rheology

粘性と弾性の話からやさしく解き明かす

レオロジーの基本

荒木 修 著

Osamu Araki

日刊工業新聞社

故 升田利史郎 京都大学名誉教授に献じます

はじめに

プラスチック製品は私たちの生活にあふれています。100円均一ショップの棚のほとんどがプラスチック製品ですし、自動車の部品もプラスチックに変わってきています。1980年代、昭和の終わりごろに車のバンパーは金属からエラストマーと呼ばれるプラスチックに変わり、平成になるとガソリンタンクもポリエチレン主体のプラスチックに変わりました。このように、プラスチックの利用は製品の軽量化とデザイン性を高めるために役立ち、広まっています。

そんなプラスチック製品が作られる工程を想像してください。原料の樹脂が熱せられ流れるほど軟らかくなった状態で押し出され型取られ、それを冷やして固めるのです。この工程の前者では原料が流れますので粘性が、後者では固化した製品は変形しても元に戻るので弾性という技術用語が使われます。二つを合わせると粘弾性で、プラスチックは粘弾性体であると技術者の世界では認知されています。

この粘性と弾性をあつかう学問をレオロジーといいます。レオロジーは粘性と弾性を扱うので、対象物を選ばないとテキストなどには書いてあります。実際、マグマを対象としている地球科学の成書もありますし、粘土や食品を扱っている論文もあります。そしてプラスチック分野、ゴムや合成樹脂の世界でも同様です。

工業界では合成樹脂または短縮して合樹、英語のレジンという用語がよく使われ、学問の世界では高分子やポリマー、マクロモレキュルという用語が使われます。最近ではソフトマターと呼ばれてもいます。本書では呼び方が混在していますが大目に見てください。

本書ではレオロジー測定に使われるレオメーター、特に動的粘弾性装置を使うにあたっての基本事項を記しています。対象としている読者は忙しくてレオロジーの勉強まで手が回らない大人で、手っ取り早くレオロジーや粘弾性をわかりたいと思っているレオロジー初心者です。著者が出会った文系出身の営業の方も念頭に置いています。したがって平易な説明で、簡単に読み進められるように心掛けています。また各項を独立して読めるように心がけていますので、重複する表現もありますが、ご容赦願います。本書を通してなぜレオロジーには貯蔵・損失弾性率といった用語が出てくるのか、それらがどのように導入されたのかを理解していただければと願っています。レオロジーには数式は必須なので省くわけにはいきませんが、目で追えるように計算過程も書き入れています。

地球温暖化問題やウクライナ戦争を契機に燃料として、石油からの脱却が今後加速すると予想されます。しかし、プラスチック原料の石油利用はまだまだ止まらないでしょう。2021年に公表された石油と同じ成分を作っている植物プランクトンの培養が工業化されるかもしれません。原料がどんな由来になるとしてもプラスチックの需要は成長すると予測されています。自動運転技術が進み、事故が起こらず安全が保障されるようになれば、ドアや天井部などへのプラスチック使用率はさらに高まるでしょう。また、一方で加工を支援するCAE（computer aid engineering）技術も進むでしょう。様々な工業技術の進歩とともに成形加工技術も発展し、プラスチック自体の開発も進展すると予想されます。したがってプラスチックの成形加工の科学的基礎であるレオロジーの知識は技術者にとって今後も不可欠です。

出版に至るまでの様々な労をお取り頂いた日刊工業新聞社の藤井浩氏には心から感謝いたします。藤井氏は上田隆宣博士著「測定から読み解くレオロジーの基礎知識」などの編集をなさっており、原稿が氏のお眼鏡にかなったのは筆者に本書の内容に自信を持たせて頂きました。

2023年3月

荒木　修

contents

レオロジーの基本◎目次

第2章 粘性、弾性、粘弾性 33

第3章 動的粘弾性 89

第4章 レオロジーについての基本事項の補足 137

附録 ［推薦図書］今後の学習のために 165

レオロジーと高分子

1-01 レオロジーとは

「レオロジーとは物質の変形と流動を扱う科学であると定義され、対象物質は粘性と弾性をあわせもつ粘弾性体である」。このような表現がレオロジーの教科書には必ず書いてあります。初めてレオロジーにふれる方には「？」です。

その対象物質を具体的に表してみると次のようです。

樹脂やゴムなどの高分子材料、それらを原料とした接着剤や塗料。食品ではマヨネーズ、バター、ゼリーやプリンなどのゲル状食品、食肉、パンなど。アスファルト、セメント、粘土、ガラスなどのセラミック材料、さらに皮膚、臓器、血液、血管、軟骨や毛髪など生体組織。土壌やマグマといった鉱物。すべてがなんとなく軟らかそうなものです。アスファルトやガラスは熱をかけると融けるし、セメントや粘土は固まる前は軟らかい。軟らかいと変形しやすそうだし流れてゆきそうな気がします。これらの物質を見て、少しだけでもレオロジーにとっつきやすくなったでしょうか？

“粘性”とは何でしょうか？字から受ける感じでは粘っこい性質を表すようです。粘っこいものは流れます。流れる物は流体で、気体もそうですが一般には液体です。

粘りの程度、流れやすさの指標が粘度です。指で触らずにその粘度の大小を知ろうとしたら、あなたならどうしますか？その物質が入っている容器を傾けると粘度の大小が目に見えてわかります。粘度が大きいほどゆっくり流れます。傾くだけで流れないものはダメです。ですからプリンやゆで卵はこの範疇に入れることはできません。一方で水や食用油、ハチミツなどは流体の好例で、これらをかき回そうとすると抵抗を感じます。粘度が大きいほど、動かそうとする働きにつよく抵抗を感じます。形を変えようする働きに対して抵抗する性質が粘性で、その程度が粘度です。つまり粘性は流体の中で働く摩擦力のようなものです。

それでは弾性とは何でしょうか？ボールが飛び跳ねるような弾む性質でしょうか。

物質を押して変形させ、その力を取り除いたときに元に戻ろうとする性質を弾性といいます。ボールに外から力を加えて凹ませ、その力が掛からなくなるとその凹みが元に戻り、その戻る勢いで結果としてボールが弾んでいるのです。その凹みをゆっくりと復元させるとボールは弾みませんよね。つまり、弾む現象には弾性が関わっていますが、その現象を弾性と呼ぶのではありません。

COLUMN①

ドロドロからフワフワに

パンケーキを作りましょう。小麦粉や砂糖などを水と牛乳で溶き、生地ができあがります。筆者はテキサスで過ごしたことがあります。道路沿いにパンケーキのお店がいくつもあり、その一軒に興味しんしんで入ってみてびっくり。

知りませんでした、パンケーキとはホットケーキのことだったのです。ホットケーキとは和製英語で、カードをトランプというのと似たようなものです。ちなみにパンケーキのパンはフライパン（フライングパン）のパンで、トランプは英語で切り札という意味です。

それはさておき、パンケーキの生地は液体でこのままでは固まることはありません（乾燥させることは考慮外です）。生地をフライパンに入れて焼くと固まります。この硬化は小麦粉のグルテンが熱でゲル化するために起こります。ゲルとは分子がつながって網目状になったものです（英語でGelと書きますが、ゲルではなくジェルと発音しないとわかってもらえません。こんなカタカナ語はたくさんありますね）。

グルテンの熱変化はパンケーキだけでなく、パンやうどんにとっても共通の大切な化学変化です。これらの現象もレオロジーの研究対象になり食品科学で取り扱われています。フワフワに膨らむのはベーキングパウダーまたはイースト菌を加えるからです。これらが異なる方法で炭酸ガスをつくり、そのガスがグルテンゲルの網目を押し広げ、生地が膨らむのです。

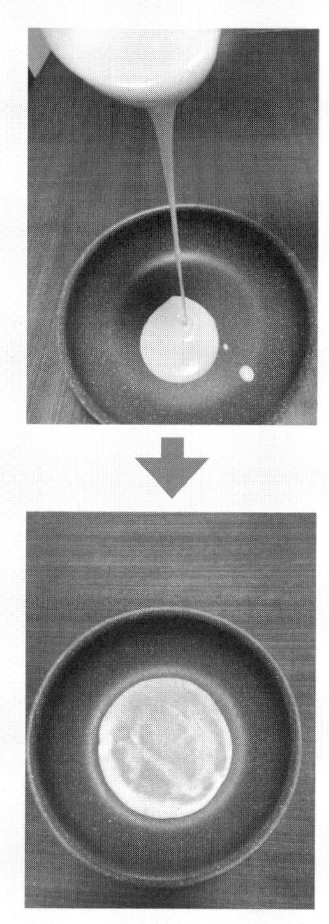

パンケーキ　ドロドロからフワフワに構造変化

1-02 レオロジーでなにがわかるのでしょうか

樹脂やゴムなどのプラスチックがレオロジー測定の対象になると前述しました。それではレオロジー測定で何がわかるのでしょうか？言葉を変えて、何がレオロジー測定の結果に影響するのでしょうか？

レオロジーは変形と流動を扱う科学とも前述しました。流動ですから溶液では濃度の影響を受けます。サラサラからベトベト、ねっとりまで状態や濃度や温度が異なると粘度の大きさは変わります。したがってレオロジーはペンキなどの溶液系の製品開発に利用される科学です。

溶液ではないプラスチックではどうでしょうか？

分子量、分子量分布、分子鎖分岐、結晶化度。これら分子構造の影響が粘弾性に現れます。プラスチックが単独で使われるのは稀で、用途に合わせていろんな添加剤が入っています。例えばタイヤ。ゴムだけではなく強度を持たせるためにカーボンブラック（CB）が20～40%使われています。このCBの微細な塊や分散状況も粘弾性に影響します。原料ゴム単体だけでは試料は流れて原形をとどめません。そこで架橋というテクニックが使われています。この架橋の程度もレオロジー物性に影響します。

プラスチック製品が製造されるとき、原料が融かされ、型に入れられ形を与えられて、冷却固化されます。冷却の方法も粘弾性に影響します。急冷と徐冷では固体の粘弾性は異なるのです。レオロジーはプラスチックの成形加工にも役立っている科学です。

上述のようにプラスチックの分子構造などがレオロジー特性に影響します。しかし、分子量が異なる同じ物質のレオロジーデータを比較して一方のサンプルの分子量が高そうだとはいえるのですが、では分子量はいくらなのかという問いに答えることはできません。いや、とても高価な標準物質を使って検量線を作成すると分子量を決定することができるかもしれませんが、著者はそんなことを聞いたことがありません。残念ながら、こういった観点では液体クロマトグラフィーや光散乱法に軍配が上がります。

1-03 専門用語

科学的な試験には専門用語がつきものです。レオロジーの分野では以下の用語がよく出てきます。

物性に関する用語では、応力、ひずみ、弾性率、粘性率、コンプライアンス。

変形に関しては、引張りまたは伸長、せん断またはずり。

変形させて測定する方法として、静的、動的。

専門用語	よく使われる記号、読み方など
ひずみ（変形）	ε イプシロン γ ガンマ
トルク	S
応力	σ シグマ τ タウ
弾性率	G　ずり変形ではG E　引張り変形ではE
粘性率	η イーター
コンプライアンス	J
静的変形	一方向の変形
動的変形	周期的な振動変形
複素弾性率	G^* Gスター
貯蔵弾性率	G' Gプライム
損失弾性率	G'' Gダブルプライム
損失正接	$\tan\delta$ タンジェントデルタ
複素粘性率	η^* ηスター
貯蔵粘性率	η' ηプライム
損失弾性率	η'' ηダブルプライム
周波数	f
角周波数（角速度）	ω オメガ：$\omega=2\pi f$

G^*、G'、G''、$\tan\delta$ には次の関係が有ります。

$G^{*2} = G'^2 + G''^2$

$\tan\delta = G''/G'$

これらG^*などは静的な測定結果で使われることはありません。
動的な測定結果でしか使われない用語です。

そして、これらが組み合わされて、動的粘弾性やらずりひずみといった用語が使われます。

また、測定に関連する専門用語には周波数、角速度があります。

動的な測定では複素弾性率、貯蔵弾性率、損失弾性率という語が頻出します。さらに貯蔵弾性率と損失弾性率の比を$\tan\delta$（タンジェントデルタまたは損失正接）と呼びます。ただし、著者がよく耳にするのはタンデルタで、タンジェントデルタや損失正接は教科書の文字でしか経験したことがありません。また複素○○には弾性率だけではなく粘性率やトルクも入ります。

物性には特有の記号が使われます。これらは文章の中にあるよりも表にした方がわかりやすいので表に記しています。

実際のレオロジー測定ではサンプルに掛かる変形と力を測定します。具体的にはサンプルを変形させながらその時に掛かる力を測り、また逆に力を掛けたときの変形量を測ります。測定方法としては前者が一般的です。

変形させる方法は「引張る」か「ねじる（ずり）」かの二通りが一般的です。圧力を変えて圧縮や膨潤させる方法もありますが一般的ではありません。

変形のさせ方にも二通りあります。一定方向に引張り続けたり、例えば時計方向にぐるぐると回したりします。これを静的な変形と呼びます。例えば粘度計やムーニー粘度計が静的な測定になります。

これに対して上下（または左右）に周期的な伸縮を繰り返したり、ねじる方向を時計方向と反時計方向に周期的に振動させたりします。これをレオロジーでは動的な変形と呼びます。動的粘弾性測定装置が周期的な変形をサンプルに与え、そのトルクを測定し付属のコンピュータが応力に変換します。

1-04 高分子（1）

工業的にレオロジーが対象にしている物質は高分子です。高分子とは原子が非常に多く結合した分子です。かつて学んだように水素の分子量は2、水は18、塩化ナトリウムは58.5、鉄の原子量は56でした。

ところが例えばポリエチレンは数十万という分子量になります。ポリエチレンは炭素と水素だけから成る物質で、化学式は（C_2H_2）$_n$です。nは重合数を表し、仮に分子量を十万とすると、重合数は3800になります。

基本のエチレン単位が3800個一本の棒のように真直ぐに繋がっていると仮定し、その長さを太さ1.6mmのスパゲッティに例えると6m（= 1.6 × 3800）にもなります。うどんならばさらに長くなります。直径0.5mmのシャープペンシルの芯ならば1.9mです。

単にポリエチレンといっても多くの種類があり、分子量が数万から数100万の製品グレードがあります。分子量100万と書いていますが、正確に100万なのではなく、幅広く分布を持ちます。ですから高分子でいう分子量は平均の分子量値です。ポリエチレンだけでなく、すべての合成樹脂が分子量分布を持っています。また天然ゴムは産地や季節によって分子量が異なります。

高分子の分子はよく高分子鎖と呼ばれます。チェーンのように基本分子（モノマー）が繋がっている様を表しています。その高分子鎖の形は糸のようにまっすぐなわけではなく、所々で分岐しており、その分岐の様子も様々です。分子量10万の高分子が、まっすぐに一本の状態もあれば、Y字のように3.3万の長さの分子が3本繋がっているものもあるでしょうし、X字のように2.5万の長さの分子が4本繋がっているものもあるでしょう。実際には理想的な形に分岐しているわけではなく、木の枝のように次々に分岐しているものもあります。また分岐した枝の長さもきちんと揃っているわけではありません。

プラスチック製品は上述のように分子の形状が一様でなく、またその長さすなわち分子量も一定でない材料を原料として製造されているのです。まだ人工ではその制御が完全にはできないのです。もちろん製品によって取り扱われる原料のグレードは揃えられています。

レオロジーには平均分子量、分子量分布、分岐の程度が影響します。タイヤはゴムにカーボンブラックを混ぜて製造されますが、このカーボンブラックの分散状況もレオロジーに影響します。大袈裟に書くと、レオロジー測定で原料の高分子や混錬されたフィラーの状況が、すなわち内部状況が推測可能です。

1-05 高分子（2） 無定形高分子と結晶性高分子

高分子には結晶を持つものと、結晶を持たないものがあります。このことは高分子を扱っている人にはごく当たり前なのですが、そうでない人には理系人でもわかりづらいようです。

前項で分子量10万のポリエチレンを1.6mm直径のゆでたスパゲッティに例えるとその長さは6mになると書きました。高分子鎖のC-C結合では回転ができるので、高分子が棒状に完全にまっすぐに伸びていると考えるよりも、糸や鎖のように曲がっていると考えるのが自然です。ですから高分子を高分子鎖と呼び、高分子を描くときはグニャグニャの曲線にして書きます。著者はかつて会社の先輩に「お前は分子をなんでヒョロヒョログニャグニャと長く書くんだ」と言われたことがありますが、こういった事情があるのです。

結晶とは原子や分子、イオンが規則正しく並んだ状態です。金属や無機化合物などでは頻繁に出てきます。雪は水の結晶で、「雪は天から送られた手紙（中谷宇吉郎）」は今でもよく聞かれる言葉ですね。

高分子は上述のように糸や鎖のように曲がっているので1本1本が規則正しくまっすぐに並んでいるとは考えにくいですが、所々で並んだり重なっているところはあるでしょう。類は友を呼ぶではないですが、高分子のどの部

表1-1　代表的なプラスチックのガラス転移温度（T_g）と融点（T_m）

	T_g	T_m
ポリスチレン（PS）	100	—
ポリメタクリル酸メチル（PMMA）	it 38 st, at 100	160 200
ポリカーボネート（PC）	140～150	—
ポリエチレン(PE)	－125	HDPE　120-140 LDPE　98-115
ポリプロピレン(PP)	－10	167-170
ナイロン(PA6)	53-100	225
ポリエチレンテレフタレート（PET）	68-80	212-265
天然ゴム（NR）	－75～－73	28
ウレタンゴム（U）	－30～－14	—

高分子辞典第3版（朝倉書店、2005）より抜粋
通常のPMMAは無定形ですが、精密に分子の並び（タクチシチーという）と試験条件を制御すると結晶ができるようです。

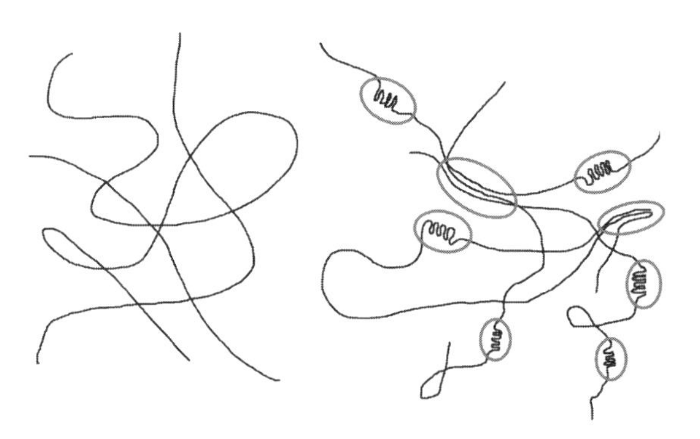

図1-1　無定形高分子（左）と結晶性高分子（右）の概念図
楕円で囲んだところが結晶

分も同じ分子構成ですから各部分が集まっても不思議ではないですね。自身の分子鎖の中の所々で敷き布団を折りたたむようにウネウネと重なっているところがあったり、分子自身の離れた部分や、隣の分子の類似した部分が所々に集まって規則正しく並んだりする箇所があってもおかしくはないで

しょう。そこが結晶になります。その概念図を図1-1に示します。

結晶を持つ高分子を結晶性高分子と呼び（そのまんまですね）、それには結晶がある部分と無い部分があります。結晶があると光が散乱されて白濁して見えます。スーパーマーケットのやさい売場やレジ横に置いてあるロール状のポリ袋（ポリエチレン）がそれです。結晶の割合（結晶化度）は成形条件によって変わりますが、レジ袋のポリエチレンで90％程度、台所用のプラスチック容器にも使われているポリプロピレンでは40～70％です。

結晶を持たない高分子を無定形高分子または非晶性高分子やアモルファス高分子と呼びます。結晶がないために光の散乱がなく透明です。CDなどの表面に使われるポリカーボネート樹脂や、水族館の水槽に使われているアクリル樹脂がその例です。

飲料用のボトルに使われているペット（PET；ポリエチレンテレフタレート）樹脂はどちらに属するでしょうか？透明に見えますが、結晶化度が低くなるように成形された結晶性樹脂です。

さて、上述のように樹脂には結晶性と無定形があり、その温度特性として結晶融点（T_m）やガラス転移温度（T_g）が有ります。T_mを持つものは結晶性樹脂に分類されます。T_gは固化するすべての樹脂にあります。

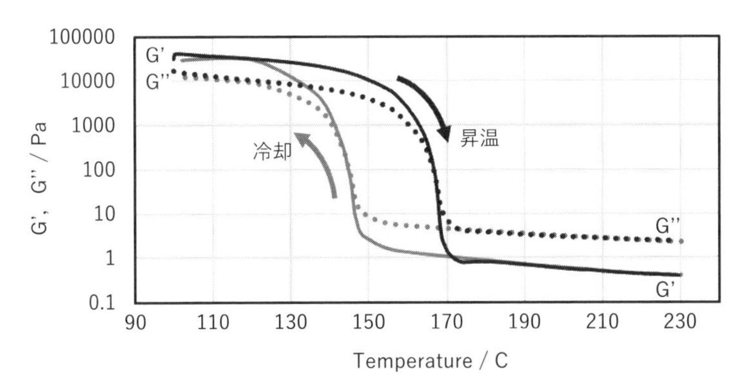

図1-2　ポリプロピレンの動的粘弾性（温度分散測定）

温度が樹脂のT_gやT_mより高くなると、樹脂は急激に軟らかくなります。これを溶融状態といいます。T_mはT_gよりも高温側にあります（表1-1)。これらの温度特性は通常DSC（示差走査熱量計）で測定されますが、温度を変化させながらの粘弾性測定でも検知が可能です。

図1-2はポリプロピレンのT_mを動的粘弾性測定でみた結果（G'とG''）です。昇温と降温で曲線が異なるのは結晶の成長・融解のプロセスに原因があります。したがってDSC測定にも同様の違いが現れます。上述のようにT_mを境にして弾性率が大きく異なります。T_m以下でサンプルが載っている装置のダイを開くとまるで餅のように形を保ったサンプルを取り出すことができます。一方T_m以上の温度でダイを開くとドロドロになったサンプルを見ることができます。

COLUMN②

ガラス転移を感じる

樹脂の「ガラス転移温度」など一般の方は聞いたこともないでしょう。しかしこれを利用した食べ物が身近にあります。それはチューインガム。チューインガムの主原料はポリ酢酸ビニルという樹脂で、そのガラス転移温度（T_g）は約30°Cです。袋から取り出したときは硬く、噛み始めたら軟らかくなり、口から出して冷ますと硬くなります。硬軟の境にT_gがあるのです。ガラス状態からゴム状態への変化を身にもって感じているのです。こんなところにもレオロジーがあるのですが、そんなこと考えていたらおいしく感じないかもしれませんね。

1-06 レオロジー測定例（１）　内部状況の影響

レオロジー測定では高分子材料の内部状況が推測できると書きました。試料の状態の違いがレオロジー測定の結果に反映されるのです。ここでは三つの例を紹介します。

図1-3は熱履歴が異なる試料の動的粘弾性です。試料はアクリル樹脂のポリメタクリル酸メチルで、温度を室温から上昇させながら測定した結果です。同一フィルムから切り出した試料であるのに曲線の様子が違います。これらは試料の冷却方法が異なります。ガラス転移温度（T_g）よりも高い温度から低い温度へ、一つは急冷され、一つは徐冷されたものです。さらに急冷された試料を室温で一年間保管したものです。室温でも物性が変化することがわかります。補足すると物性の一つである密度もこの三サンプルで異なっています。このように同じ試料でも熱履歴が違うと物性が異なるので、高分子固体を扱うときは注意が必要です。

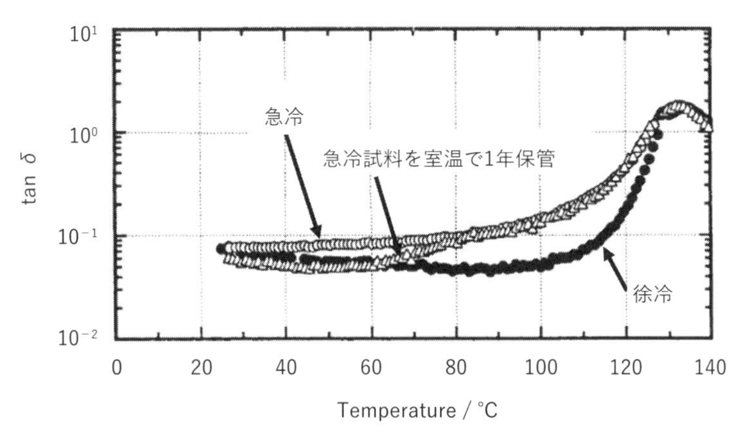

図1-3　熱履歴が異なるフィルム試料の動的粘弾性

荒木らの論文（Polymer Journal, 2000）をもとに作図
高分子学会より利用許可をうけて掲載

図1-4はポリプロピレン（PP）のレオロジー測定の結果です。100℃から230℃まで昇温し、そして230℃から100℃へ冷却した往復過程です。温度変化の速度を±10℃/分で行いました。往きと帰りでカーブが異なることがわかります。弾性率が急激に変化しているところは結晶が融解または成長しているところでいわゆる融点（T_m）です。この図は前項のPPの図のG'とG''の比tanδ（$=G''/G'$）で作図しています。この結果には結晶が解けるまたは

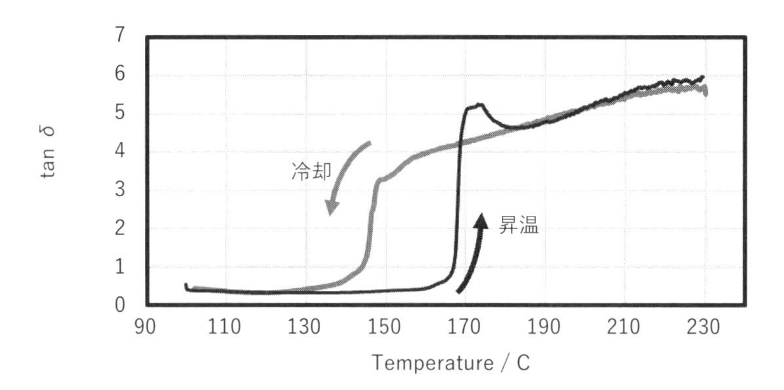

図1-4　ポロプロピレンの結晶融点

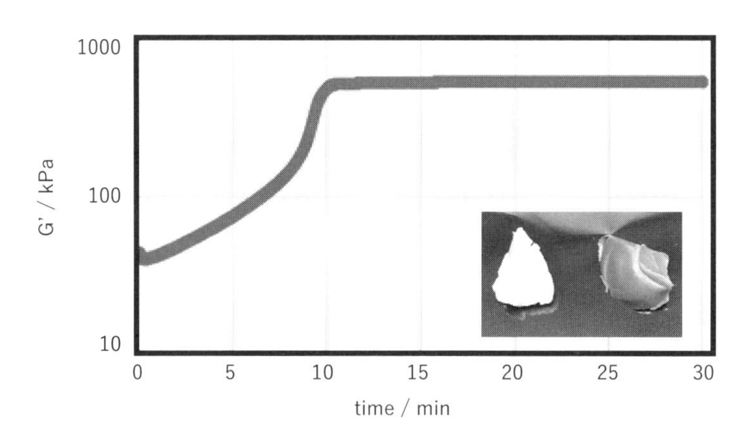

図1-5　混合したシリコンパテの硬化過程（室温）

生成するといった変化が反映されています。

図1-5はシリコンパテの硬化過程をG'でプロットしています。このシリコンパテは2つのシリコンゴムを混ぜると硬化します。約10秒混ぜ合わせてから室温で直ちに測定を開始しました。時間とともに弾性率が上昇している過程は、試料のなかで化学結合が進んで硬化している過程を反映しています。すなわち試料の状態が時々刻々と変化していることがわかります。

1-07 レオロジー測定例（2）　分子量の影響

レオロジー測定結果に高分子の分子量、分子量分布や分岐などの分子構造が影響します。分子量が大きかったり、枝状に分岐している分子鎖が長かったりその数が多かったりすると、高分子鎖が自身や近隣の分子とからみ合って動きにくくなるためです。糸や紐をイメージしていただけるとわかると思います。レオロジーでは「からみ合い」は重要なキーワードです。

からみ合い点間距離（M_e：添え字eはentanglement（からみあい）を示す）なる分子量が高分子によって測定されており、M_eの2～3倍の分子量をM_c（添え字cはcritical（臨界の）を示す）と表し、M_cよりも分子量が大きくなるとからみ合いの効果が表れ物性が大きく変化します。筆者がかつてM_cより小さいサンプルでフィルムを作ろうとしましたが簡単にパリパリに割れてしまいプラスチック特有の可撓性（かとうせい）はありませんでした。

例えば図1-6に示すように溶融粘度はM_c以下ではその分子量依存性の傾きが1、M_c以上では3.4になります。温度を変えると直線の形状は変わらずに粘度の値が上下に変化します。傾きについて実験的には3～3.5の範囲にあるのですが、フランスの物理学者ド・ジャンがスケーリング則から理論的に3.4を導出しました。ド・ジャンは1991年にノーベル物理学賞を受賞しています。

続いて、周波数（ひずみ速度）依存性を図1-7に示します。縦軸には貯蔵

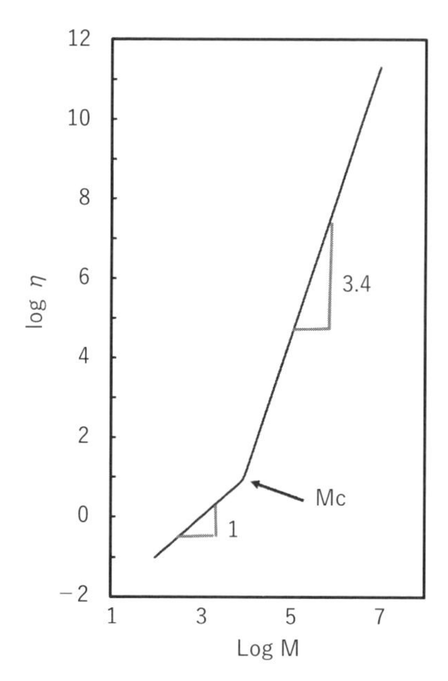

図1-6　高分子の分子量（M）と溶融粘度（η）の関係

RH Colbyらの論文（Macromolecules, 1987）をもとに作図

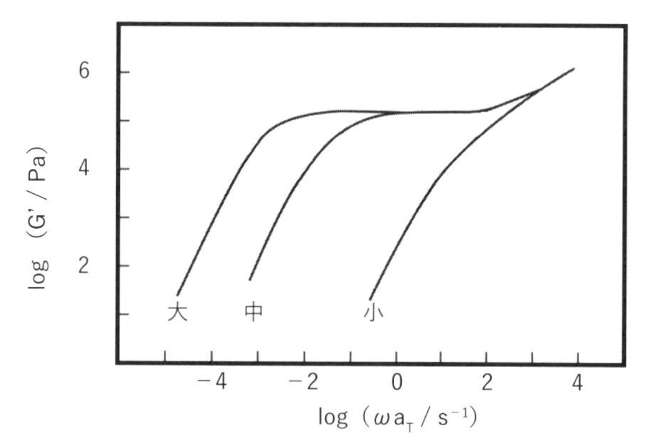

図1-7　貯蔵弾性率（*G'*）の周波数分散

小野木らの論文（Macromolecules, 1970）をもとに作図

図1-6、図1-7ともに米国化学会（ACS）の利用許可を受けて掲載

弾性率（G'）を採っています。高分子サンプルには$G' \approx 10^5$Paに現れるゴム状平端部が広い範囲で現れ、一方絡み合いの極端に少ない低分子量高分子では見られません。また10^5Paより低い領域（流動域）のデータの傾きが2であることにも注意してください。この傾きについては第3-10項で記述します。さて、この例は分子量がそろった単分散サンプルです。市販されるプラスチック原料は分子量分布が広いため図1-7のようにシャープではありません。これら大中小の高分子サンプルを混合したら、つまり分子量分布が広がったら、どのような曲線になるか想像してみてください。これで高分子の分子量や分子量分布の影響がレオロジー測定結果に表れることがわかっていただけたかと思います。

1-08 温度とプラスチックの状態

プラスチックは温度によって硬くなったり軟らかくなったりします。多くのプラスチック製品は原料が融けた状態で型に入れられ、冷まされて取り出されます。この加工が容易だから大量生産ができ、廉価で販売されます。100円均一ショップの商品のほとんどがプラスチック製品である理由です。

プラスチックが融ける温度はおよそ200℃で、それは金属が熔ける温度に比べるととても低く（水銀は除きます）、金属が熔ける温度ではプラスチックは分解してしまいます。融ける温度が高くないこともプラスチック加工の長所と言えます。加熱にかける費用が高くありませんから、作業が終わればスイッチを切ることができます。金属の高炉で加熱を止めるのはニュースに取り上げられるほど大ごとです。

前の章でガラス転移温度（T_g）と結晶化温度（T_m）について書きましたが、ここでプラスチックがもつ特性温度を簡単に記します。ご存知のようにプラスチックは温度によって固体状態と融けた状態があります。無定形高分子に対してはこの間の状態を低温側からガラス状、転移、ゴム状、流動の四つの領域に分けます。ガラス状態から転移状態に変わる温度がガラス転移温度です。結晶を持つ高分子にはゴム状領域に融点があります。結晶性高分子ではガラス状、転移、皮革状、ゴム状、流動の領域に分けます。皮革状からゴム状に移る間に融点があります。既述のようにT_gやT_mはレオロジー測定でもDCSを使った熱測定でも観測されます。

ところでプラスチックなのにガラスという言葉が出てくるのは何故でしょうか？ガラスも固体ですが、金属や鉱石などの結晶物質と違って、結晶が無く分子が不規則につながって固まった状態にあります。結晶が無いつまり非晶で、しかも非常に粘度が高い状態すなわち液体なのです。無定形高分子も非晶ですからガラスと同じ概念で説明されるのでガラス転移温度なる用語が使われます。聞いたところによると、ルネサンス期に作られたステンドグラスは上部が薄く下部が厚くなっているそうです。長い時間をかけてガラスの分子が緩やかに下へ流れ落ちているのです。

COLUMN③

固体？液体？デボラ数

写真を見てください。日々自動車が通っている畑の横をはしるアスファルト道路です。敷設当初からこのようにうねうねと曲げて作ったとは考えられませんよね。当初は真直ぐだったはずで、数年を経てこのようになったのでしょう。ではお尋ねします。この道路は固体でしょうか、液体なのでしょうか？「普段は固体だけどぉ、長い目で見たら液体じゃないですかぁ」と答えるしかないようです。

似たような現象で、よくレオロジーの話で使われるのが氷河です。内陸部の氷河は1年間に約10 m流動するそうです（名古屋大学宇宙地球環境研究所Web「50のなぜ」）。

人間の悠久の時間は天上にいる神様にとって短時間でしょうから、神様たちにはこれらのアスファルト道路や氷河は流れているように見えるかもしれません。とはいえ、これらを固体か液体かなのかを定義したがるが人間の科学者の性（さが）なんですね。レオロジーの分野ではデボラ数（De または N_B）なるものがあり、これをレオロジーのテキストで時々見かけます。預言者デボラが主を賛美する歌に「山々は主の前に流れ去りました（旧約聖書士師記5章5節）」とあり、これに由来しています。定義式を記します。

$$\mathrm{De} = \frac{\text{緩和時間}(T)}{\text{観察時間}(\tau)}$$

De ≪ 1ならば、緩和時間が短いので液体、
De ≫ 1ならば、なかなか緩和しないので固体とされています。
De ≒ 1が、レオロジーの測定で扱う試料です。

仏教では弥勒菩薩がおられる兜率天の一日は人間界の四百年に相当するそうです。もし日本人がこれを先に定義したとしたら、弥勒数と名づけられたのでしょうか、それとも竜宮城へ行った昔話にちなんで浦島数でしょうか？

この道路は固体？液体？

1-09 高分子・ゴムとエントロピー（1）

高分子のレオロジーを知るうえで知識のバックボーンとしてエントロピーを知っていることは後述する応力緩和の現象を理解するうえでも重要だと考えます。だからと言って、エントロピーが表立って出てくることは稀です。

高分子の授業では、輪ゴムを急に引っ張ると発熱する現象がしばしば紹介されます。500%すなわち5倍の長さに急に引っ張ったとき、その温度は約10℃も高くなるという報告が1942年（Dart, AnthonyとGuth）にあります。この現象を説明するにはエントロピーや断熱変化といった熱力学や統計力学に関する科学背景が必要です。しかし本書の性格上ここではざっくりとこの現象を扱います。

エントロピーは高校化学では乱雑さと表現されます。知人の結婚式で「彼の部屋はエントロピーの高い部屋でした（つまり、散らかっている）」と思い出を述べる人がいました。科学的には分子の状態を扱うので、液体は固体よりも分子が動きまわっていますから、液体のエントロピーは固体のそれよりも大きいといった例が良いでしょう。

そのエントロピーをオーストリアの物理学者ボルツマン（1844-1906）が下の式で表しました。Sがエントロピー、kはボルツマン定数、Wは状態数です。

$$S = k \log W$$

ボルツマンの墓石にはこの式が金文字で彫られているのはよく知られています（物理系や物理化学系の人たちだけでしょうか？）。ところで状態数とは何でしょうか？一本の鎖を思い浮かべてください。この鎖がまっすぐに伸びた状態は一つしかありませんね。では折り曲げて半分の長さのものはどれくらいあるでしょうか。真ん中で折り曲げる、両端から四分の一の点で両側から折り曲げる、真ん中から折り曲げた半分をさらに外側へ向けて折り曲げる…、半分の長さになる状態の数はたくさんあります。

第1-05項「高分子（2）」で麺に例えたように長さ6mのゆでたスパゲッティがピーンと棒状にまっすぐ伸びていると考えるよりも、糸や鎖のようにグニャグニャに曲がっていると考えるのが自然です。その状態の数はいったいどれくらいあるのでしょうか。輪ゴムのなかのゴム分子は様々な状態を取っていると考えられます。それを急にギュッと引き延ばし、もしすべてのゴム分子がまっすぐに伸び切ったならば、この状態は一つしかありません。上式でW=1、つまり$S = 0$です。ゴムを引き延ばすことはエントロピーの低い状態に移すことです。

エントロピーという言葉はドイツの物理学者クラジウス（1822-88）が名付けました。クラジウスは熱が高い方から低い方へ移動する現象（熱力学第二法則）を説明するのに下のように定式化しました。Qは熱量、Tは絶対温度です。

$$\mathrm{S} = \frac{Q}{T}$$

実際は変化量を表すので⊿や積分記号∫が付きますが省略します。

ゴムを急に引っ張ることは、外から熱をもらう時間が無く変化する断熱変化です。熱量に移動は無くQに変化はありません。上述のようにゴムを引っ張ると状態数は減り、エントロピーは減少します。クラジウスの式でQを変化させずにSを小さくするにはTが大きくなります。したがって発熱するのです。分子自身が持っていた運動するためのエネルギーが不要になり放出したので昇温したのです。

読者の皆さんの実験室には加圧された空気を作るためにコンプレッサーを使っているところがあるでしょう。測定終了後にコンプレッサーのドレインを開くと、冷たい空気が吹き出します。これは閉じ込められていた空気が急に解放され、エントロピーが低い状態から高い状態へ移ったためです。クラジウスの式ではSを大きくするためにTが小さくなります。したがって温度が下がり冷たくなるのです。膨張するためにエネルギーを使ったから自身の温度が下がったのです。

1-10 高分子・ゴムとエントロピー（2）

前項では、輪ゴムを急に引っ張ると発熱する現象をエントロピーと絡めて紹介しました。今回もゴムと熱に関する現象です。さて、一端をつかんで垂らしたゴムをドライヤーなどで温めると、伸びるでしょうか、縮むでしょうか？この現象も高分子の説明でよく紹介されますね。答えは縮むです。これも不思議な現象です。この現象はゴムが高分子であり、架橋されているために起こります。そしてこれらの現象をエントロピー弾性と呼びます。

小学生か中学生のころ理科の授業で、鉄球を加熱すると、加熱前には通った輪を通らなくなった実験を先生が行ってくれました。熱膨張をわかりやすく示した実験ですね。温度が高くなると、分子の運動性が上がり、分子の振動幅が大きくなります。隣接する分子を押し合いへし合いするため、分子間の距離が広がり、全体として膨張します。

温めると縮むゴムは鉄の熱膨張とは逆の現象を示しているのでしょうか？理科年表を見るとゴムの線膨張係数は正の値で、しかも金属より数倍大きい。つまり温度が上がると体積は増えます。したがって鉄の熱膨張と同じ現象を示しています。

宙ぶらりんに垂らした鎖をイメージしてください。この鎖のいたるところで振動して左右に振れると、その影響で鎖の下端は上がるでしょう。つまり長さは縮みます。左右に触れた分が横に膨らみ、総合的には体積が増えるでしょう。

ゴムの場合、その分子鎖が架橋されて繋がっており、網目状になっています。加熱され温度が上がると繋がれているそれぞれの分子の運動性が高まります。それぞれの分子が運動しているとすると、まっすぐな紐状であるよりも、また架橋されて繋がった分子同士が広がってお互いを引っ張り合うよりも、うねうねと大きく振動している方が自由度が高そうです。ここで前回のボルツマンのエントロピーが関わってきます。自由度が高くなることは状態数が多くなることと同じです。すなわちエントロピーが増大する方向へ進みます。このためにゴムの熱現象はエントロピー弾性と呼ばれるのです。

ゴムの熱現象はおよそ200年前の1805年にグー（J. Gough）が発見しています。熱力学でよく目にするジュールが（J.P. Joule）が確認したためにグー・ジュール効果と呼ばれています。

1-11 エントロピー弾性とエネルギー弾性

エントロピー弾性とエネルギー弾性の二つの用語も高分子のテキストを見ると目にします。二つの弾性の違いを知ることも高分子のレオロジーを知るうえで有益です。これについての成書があるくらい奥行きが深い概念ですから真剣にやるとなると大変です。エネルギー保存則を表わす熱力学第一法則（内部エネルギー変化量＝外部との熱量の変化＋外部との仕事量の変化：$\varDelta U = \varDelta Q + \varDelta w$）から語らなければなりません。それは本書の範囲外です。

高分子とりわけゴムの変形に関係するのがエントロピー弾性です。プラスチックやゴムが高分子ゆえに現れる性質です。したがって高分子分野ではエントロピー弾性をゴム弾性と呼んだりします。そもそも弾性とは何でしょうか？そうです、物体が変形しても元に戻る性質のことです。したがって固体物質すべてが弾性を持っています。

固体を引張って変形させるとある段階で破断してしまいます。この破断までの伸びの程度が物質によって違います。常温で金属やガラスやセラミックは数％、プラスチックで数十％、ところがゴムは数百％。なぜゴムはこんなにも伸びるのだ、そしてなぜ戻るのだと調べられ考えられたのがゴム弾性です。

引張られるというのは外部から力が加えられるすなわち外部からエネル

ギーが与えられるということです。そして引張られているあいだじゅうそのエネルギーが蓄えられます。伸びたものが元に戻るときそのエネルギーが解放されます。まるでバネですね。

外力によるエネルギーで変形させられると、分子（原子）間の距離や結合角が変化します。距離の変化といっても隣の分子（原子）の並びまで変わることはありませんから、距離の大きな変化はありません。これは液体窒素で冷却したゴムも同様です。引張る外力を無くすと、分子（原子）は安定した元の距離へ戻ります。これをエネルギー弾性と呼びます。

常温でゴムが桁違いに伸びるのはゴムの分子構造が原因です。第1-04項「高分子（1）」で高分子を麺に例えてスパゲッティでは6mの長さになると書きました。ゴム分子ではその所々で隣近所の分子と結び付けられて（架橋という）網目状の形になっています。しかも整然と伸びて広がっているのではなく、クチャクチャと丸まっていると考えられます。クチャクチャで乱雑な状態でブルブルとうごめいている（ブラウン運動という）のがエントロピー的に安定なわけです。

クチャクチャだけれども安定な状態にあるゴムを引張ると、分子が引き延ばされてある程度整列され自由を奪われた状態になります。引張るのを止めるとゴム分子はブラウン運動を行いながらクチャクチャで安定な状態へ戻っていきます。すなわち引張られたゴム分子には整列させられた状態から乱雑な状態に自発的に戻ろうとする力が発生しているのです。クチャクチャで安定な状態すなわちエントロピーが増大する方向へ進むためにエントロピー弾性と呼ばれるのです。

COLUMN④

ガソリンタンクとレオロジー

今でこそ乗用車のガソリンタンクはプラスチック（高密度ポリエチレン）で作られていますが、昭和の時代は金属でした。材料を代替えするべく1980年代後半、すなわち昭和から平成に時代が変わるころ国内外の樹脂会社が活発に研究を行い、これを実現したのです。プラスチックを使うことで軽量、防錆ができるようになり、またデザイン付与も容易になりました。

ガソリンタンクの成形には、溶けた樹脂を上から筒状にたらし（パリソンと呼ばれる）、型に入れて、膨らますブロー成形といわれる方法をとります。皆さんも想像できると思いますが、ガソリンタンクはプラスチック製品としてはかなりの重量があります。ここで問題になったのがドローダウン、つまりパリソンが自重に耐えられずに切れるまたは厚みが不均一になる現象です。当時、このドローダウンの克服が課題でした。

ある自動車メーカーでプラスチック製タンクが採用されることになり、樹脂メーカー２社（A社、B社）が最終コンペに残りました。最終的にはA社に軍配が上がるのですが、B社はそれこそ研究所を挙げてA社製の樹脂を調べ上げましたが、何かわからない原因でA社製に劣るということを認知していました。ところがA社も当時その原因がわからなかったそうです。

樹脂メーカーC社が伸張粘度という特別なレオロジー物性の測定でその原因を明らかにしました。極微量の高分子量ポリエチレンが入っていたのです。この発見はブロー成形に一つの指針を与えました。ドローダウンには高分子量または分岐度の高い高分子材料を添加すると解決するのかもしれません。このことは尾崎邦宏博士著「レオロジーの世界」の第１章で言及されていますが、この技術背景には上述の研究譚があったのです。

粘性、弾性、粘弾性

2-01 ひずみ（1） 伸長ひずみ

レオロジーでは試料に変形を与えて発生する力を調べる、または力を掛けてその変形を調べます。前者はイメージしやすそうですが、後者はどうでしょうか。例えば試料に重りをつるして伸びを調べるとか、試料に重りを載せて潰れを調べるとかがそれにあたります。

変形の様式は引っ張られたりねじられたりと様々ですが、科学するためにはその変形を定量化しなくてはなりません。変形の呼び方も厳めしく、教科書では伸長変形とずり変形と表現されています。ずり変形はせん断変形とも呼ばれます。変化量をひずみと呼び、ギリシア文字ε（イプシロン）がよく使われます。ひずみ（ε）とは単位長さ当たりの変形量として定義されます。

力も科学するために定義され、単位面積当たりにかかる力を応力と呼びます。応力にはギリシア文字σ（シグマ）やτ（タウ）がよく使われます。

伸長変形はゴムを引張って伸ばすようなイメージです。一方、ずり変形はトランプをずらすようなイメージです。

ひずみにはいくつかの定義がありますが、よく使われているのは工学ひずみと真ひずみです。工学ひずみは公称ひずみともCauchyひずみとも呼ばれ、線形領域での微小変形に使われます。

試験片の元の長さをL_0、変形後の長さをLとします。したがって変形量ΔLは$L-L_0$です。工学ひずみの定義は次式です（図2-1）。

$$\varepsilon = \frac{L-L_0}{L_0} = \frac{\Delta L}{L_0}$$

工学ひずみでは上式に100を掛けた％表示もよく使われます。100％のひずみとは伸長後の長さが元の長さの２倍になっています。上の式を見ればそれは明らかですね。

一方、真ひずみは対数ひずみともHenckyひずみとも呼ばれ、変形が大き

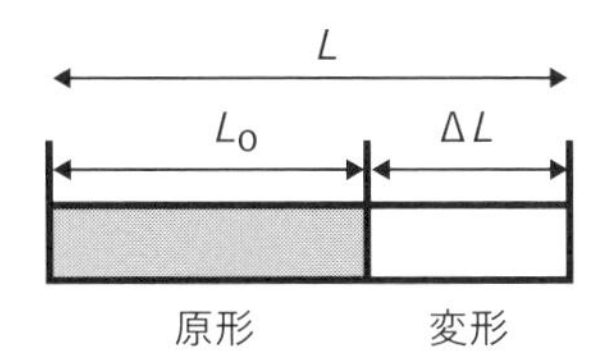

図2-1　工学ひずみ　$\varepsilon = \frac{\Delta L}{L_0}$

い時に使われます。定義は次式のように自然対数で表されます。

$$\varepsilon = \int_{L_0}^{L} \frac{dl}{l} = \ln L - \ln L_0 = \ln\left(\frac{L}{L_0}\right)$$

lnは自然対数で底がeのlogです。両者の違いはグラフにすると一目でわかります（図2-2）。ひずみが小さいところではほぼ等しいのですが、ひずみが大きくなると両者の差が大きくなります。

下表に変形量を示します。これを見ると工学ひずみではひずみの足し算ができないのに対して、真ひずみではそれが可能なことがわかります。

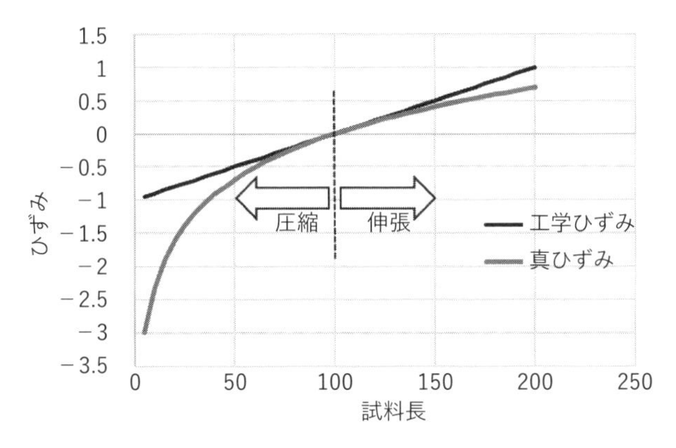

図2-2　元の試料の長さを100として、伸長後の長さとひずみの関係

工学ひずみと真ひずみはひずみが小さいところでは一致しているが、ひずみが大きくなると両者の差は大きくなる。

表2-1　工学ひずみと真ひずみ

L_0	L	ΔL	工学ひずみ	真ひずみ
100	120	20	0.2	0.182322
100	110	10	0.1	0.095311
110	120	10	0.090909	0.087011

100→120の伸長変形を100→110と110→120に分ける。工学ひずみではひずみの足し合わせができないが、真ひずみでは足し合わせが可能である。

実用のプラスチック材料の引張試験ではJIS-K7161で規定される工学ひずみを使うのが一般的で、いわゆるカタログ値もそれです。JISではダンベル型試料が詳細に規定されていますから、すなわち試料の大きさや形が統一されているので、細かいことは考えずに測定できます。

2-02 ひずみ（2）　ずりひずみ（せん断ひずみ）

プラスチックのレオロジー測定での伸長変形ではどちらかというと固体状の試料を扱います。それに対してずり変形では軟らかい融体試料を扱います。融体試料はつき立ての餅のようなものですから形はある程度保たれています。

ずり変形を与える測定の一つでゴム業界では最も知られた測定装置にムーニー粘度計があり、その測定方法はASTMでもJISでも規定されています。ムーニー粘度計は約5mm厚の円盤に棒をつけた形のロータが円筒状の空間（キャビティといいます）に設置されています。そのキャビティ内をゴム試料で満たし、ロータを一定速度で回転させ、ロータがゴムから受ける力（トルク）を測定します。粘度といっていますが力を測定しているので単位に注意が必要です。

ずり変形を与える測定でよく使用されている装置に、ダイと呼ばれる上下の円盤でサンプルを挟み、下のダイを回転させ、上のダイで応力を測定するレオメータがあります。これも各規格で測定方法が規定されています。なおずり変形はせん断変形とも言います。

ひずみは、変化した長さ（ΔL）/元の長さ（L_0）で定義されます。前項で示したように伸長変形ではその変形は容易に想像できます。前項でずり変形はトランプをずらすようなイメージだと書きました。トランプを置いてずらすと高さは変わりませんが、一番上のトランプの位置は変わります。ずり変形では前者の高さをL_0とし、後者の移動した距離をΔLとします。ずりひずみ（せん断ひずみ）は伸長ひずみと同様に次のように定義されます。

$$\varepsilon = \frac{\Delta L}{L_0}$$

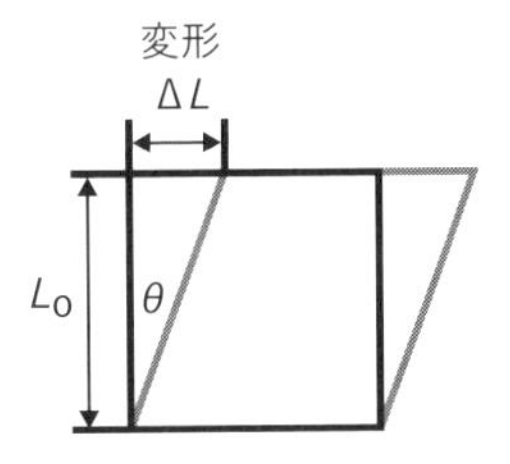

図2-3　ずりひずみ（せん断ひずみ）

円盤で挟まれた試料でもトランプと同様で、高さ（L_0）が分母になります(図2-4)。分子の変形量はねじられて移動した円周の距離（ΔL）です。

ところで、図2-4のような平べったい円盤（平行円板ダイ）で挟まれた試料がねじられると、中心部と両端部とでは移動距離が異なります。円の弧の長さは半径が大きくなるほど長くなります。ダイの半径をrとし、歪ませた回転角をθ（ラジアン）とします。移動した距離（弧）ΔLは$\Delta L = r\theta$です。平行円板ダイでは中心から離れるほどひずみ量が大きくなりますね。すなわち試料に与えるひずみが均一ではありません。

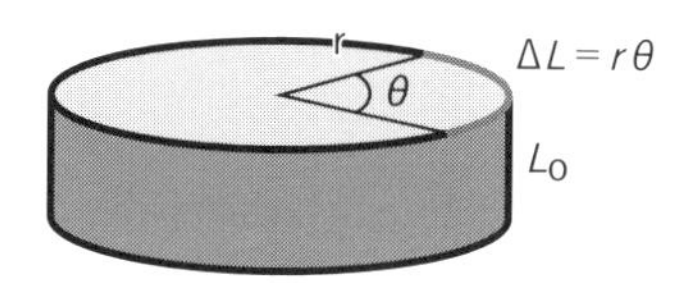

図2-4　平行円板でのずりひずみ

これを改善するために円錐状のダイを用いるレオメータがあります（図2-5）。円錐ダイでサンプルを挟んだ試料の高さL_0は

$$L_0 = r \times \tan\phi$$

です。ϕが小さい時は

$$L_0 = r\,\phi$$

と近似されます。したがってひずみ（$\varepsilon = \frac{\Delta L}{L_0}$）は

$$r\theta / r\,\phi = \theta / \phi$$

です。円錐ダイでは、中心からの距離rにかかわらず、どこの位置であっても試料のひずみの大きさは同じです。

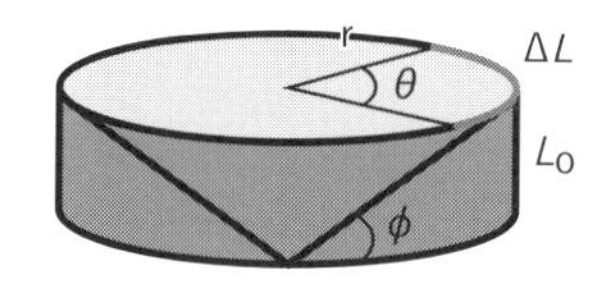

図2-5　円錐円板でのずりひずみ

COLUMN⑤

ひずみ速度100

ひずみ速度とはひずみを時間で割ったもので、1秒間あたりのひずみ変化量のことです。ひずみ速度が100とは、1秒間でひずみを100にする速度です。具体的には1cmの物体を1秒で1mに変形させます。1mmの物体を0.1秒で10cmに変形させても同じ値です。わが国の100m走者サニブラウン・ハキーム選手は1秒で10mを駆けるわけですから、0.1秒で10cmに変形させることはできそうです。

マーガリンを塗るのにもレオロジー

筆者が大学院の学生のころ、ある研究会でその一例が示されました。パンにマーガリンを塗る速度がひずみ速度100程度だそうです。食パンの大きさが約12cm四方なので、勢いよくサッと塗ればそれくらいの速度になりそうです。発表者によると技術開発でマーガリンを軽くして塗りやすくしたとのことでした。内心「なるほどねぇ」と驚いたのですが、仲間も同じようで会場を後にしたとき、マーガリンを塗るしぐさをしながら、異口同音にその話題にふれていました。さてその新開発されたマーガリンですが、当時スーパーマーケットで見かけましたが、今は見かけないようです。その開発者の発表冒頭で「水や空気が売れると利益率がよい」的な発言があり、それをマーガリン開発に応用したようです。購入して試してみると確かにフワフワな感じがしましたが、味や食感は…個人差があるためノーコメントでご了承願います。

似て非なるたとえですが海苔の乾燥剤の話をします。これには生石灰が使われています。筆者は一時期乾燥剤の開発に携わり、それを業者に紹介しましたところ、手渡したとたんにダメでした。その理由が重量です。ズッシとした重量感がないと消費者に購入感が沸かないそうです。

2-03 弾性率はひずみと応力から算出される

本項ではレオロジーの最も基本である弾性率について記します。弾性率とは何でしょうか？「率」という字がついているから何らかの割合（比）です。速度は移動距離と移動するのに掛けた時間の割合ですね。弾性率は変形量（ひずみ）とその時に生じた応力の割合です。

再確認しておきますが、ひずみ（ε）とは単位長さ当たりの変形量、応力（σ）は単位面積当たりにかかる力です。

横軸にひずみを、縦軸に応力を取ってグラフにすると、その傾きが弾性率です。すなわち、「弾性率＝応力／ひずみ」です。

固体状態のプラスチック材料を引張った時の一般的なひずみと応力の関係を図に示します。この図は応力-ひずみ曲線（Strain-Stress curve；いわゆるS-Sカーブ）と呼ばれるグラフです。極大が降伏点、右末端が破断点です。樹脂では一般的に降伏点はひずみがおよそ10%あたりに、破断点は100%あたりに出ます。ゴムでは降伏点は無く破断点は400%以上で現れます。もちろん温度やひずみ速度によってその値は変わります。

このS-Sカーブは全体にわたって曲線で表されていますが、さて弾性率はこの図のどこの傾きで求めるのでしょうか？そうです、図を見て明らかなように直線的に表される領域は、原点から直線的に立ち上がるほんのわずかな

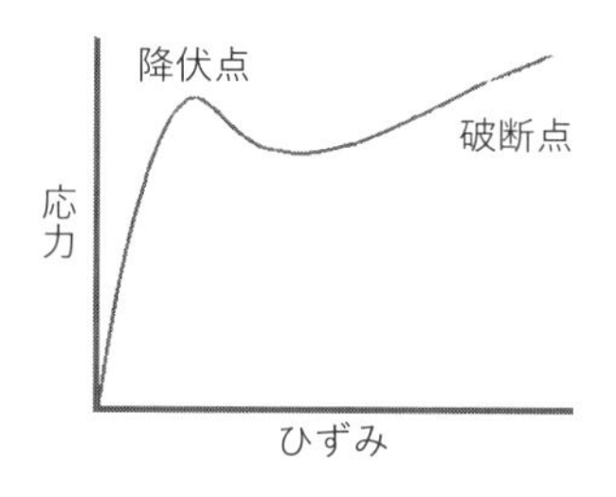

図2-6　応力－ひずみ曲線（S-Sカーブ）

部分のせいぜい数パーセントだけです。だたしゴムは数百％と桁違いに大きいのが特徴です。この直線の領域を線形領域と呼びます。

通常、弾性率の記号は引張試験ではEを、ズリ試験ではGを使います。応力をσ、ひずみをεで表すことが多いので、これらの関係を式で表すと次式になります。

$$\sigma = G \times \varepsilon \quad \text{または} \quad \sigma = E \times \varepsilon$$

2-04 粘度（粘性、粘性係数）

レオロジーで重要なのは二つの物理因子です。粘性と弾性です。ここでは粘性について記します。粘性は一般的には粘度と呼ばれます。物理的には粘性係数です。粘度とは流れやすさ、または粘り具合の程度です。粘度が低いとよく流れ、反対に粘度が高いと流れにくくなります。

化学実験で使う最も簡単なものはオルトワルド粘度計（図2-7）です。上の標線から下の標線に何秒かかるかを計測して粘度を求めます。粘度の値は温度で変わるので、一定温度に保った浴槽に入れて測定するのが通常です。

もう少し高級になると円筒回転粘度計が使われます。液に浸かったロータを一定速度で回転させて、その時に感知する力（トルク）から粘度を測定します。トルクはロータのサイズや回転速度によって違うので、製品の品質管理では計測は同じ条件にして行います。

トルクは回転速度によりますが、液体の粘度は物質によって固有です。例えば水中（プール）で歩くことを考えます。温度が一定であれば水の粘度は一定値です。ゆっくり歩くよりも急いで歩く方が水の抵抗を大きく感じるはずです。感知される抵抗力と速度は比例関係にあり、その比例定数を粘度と呼びます。式で書くと次のようです。

力＝粘度×速度

どうですか、感覚的につかめたでしょうか？

ところが物理で粘度を定義するとちょっと面倒です。単なる速度ではなく「ずり速度」なる用語を使います。ずり速度はせん断速度とも速度勾配とも呼ばれます。図2-8を眺めながら読んでください。平板2枚の間に流体を挟みます。その間隔はhとします。下の平板は固定し、上の平板を速度vで動かします（ずらします）。動かすと上板は抵抗力（F）を受けます。このとき、動いている上板に接している流体は速度vで動き、固定した下板に接している流体は動かない（速度0）とします。すると流体は速度0からvまで連続した流れがあることになりますね。ここでは直線的に変化するとします。下板から上板までの速度の割合をずり速度（速度勾配）と呼びv/hで表

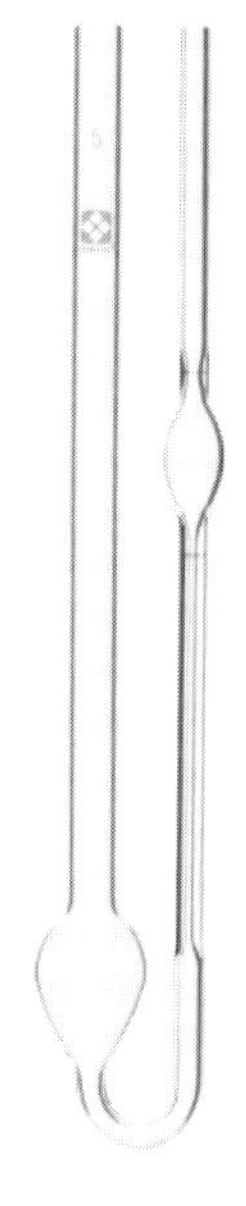

図2-7　オルトワルド粘度計

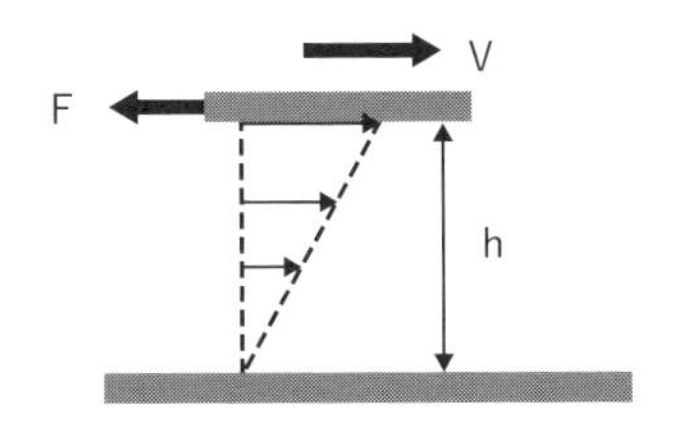

図2-8　粘度の定義を表わす図

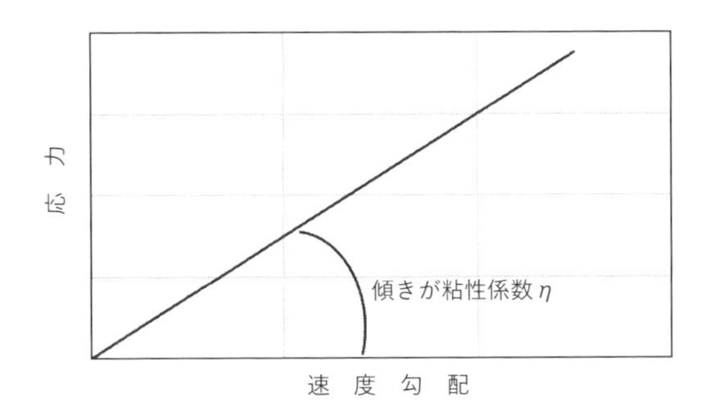

図2-9　粘性係数（粘度）を求める

します。板をずらすように動かすから、上述の抵抗力をせん断応力と呼びます。板の大きさが違うとせん断応力も違うので、単位面積当たりに規格化し、記号をFからSに変更します。せん断応力（S）はずり速度（v/h）に比例すると仮定し、その比例係数を粘性係数（η）と定義します。式で書くと下のようです。

$$S = \eta \frac{v}{h}$$

hを一定値とすると応力Sは速度vに比例することになり、上記のように「力＝粘度×速度」ですが、速度とは厳密にはずり速度です。

図2-9のように傾きが直線で表される場合に限って、この流体をニュートン流体と呼びます。範囲を区切って、その範囲で直線であれば、その範囲内ではニュートン流体です。なぜくどくど書くのかと言えば、ずり勾配が小さい領域では直線で表せてもやがて上方か下方に曲がってしまう流体が多いからです。それらは非ニュートン流体と呼びます。例によく挙げられるのが塗料やマヨネーズです。

ここで単位を考えましょう。せん断応力は単位面積当たりの力ですから［N/m^2 = Pa］、速度は［m/s］、高さは［m］です。したがって式から粘性係数（粘度）の単位は［Pa・s］になります。

「Pa」はパスカルと呼びます。「人間は考える葦である」で有名なあのパスカル（1623-62）にちなんでいます。「N」はニュートンと呼びます。りんごの落下から引力を考えたニュートン（1643-1727）で、ニュートン流体も彼にちなんで名づけられています。

COLUMN⑥

温度の単位

ゴムやプラスチックの粘弾性特性に一番影響を与えるのは温度でしょう。その温度に我々日本人は通常摂氏（℃）を使います。しかし米国人は華氏（°F）を使います。また、科学の世界で使われる絶対温度（K）もあります。

摂氏と華氏には「氏」が付いています。お察しの通り、これらの温度には生みの親がいるのです。摂氏はセルシウス温度で、スウェーデンの科学者アンデルス・セルシウス（1701-44）に由来します。漢字で書くと「摂爾修斯」だそうです。摂氏は、水を標準物質として、凝固点を0℃、沸点を100℃と定義しています。セルシウスが提案したのはその逆で、凝固点は100℃、沸点が0℃だったそうです。

華氏はドイツの科学者ガブリエル・ファーレンハイト（1686-1736）に由来し、漢字では「華倫海特」です。彼の時代の温度計にはレーマー度が使われていました。レーマー度とは、デンマークの天文学者オーレ・レーマー（1644 – 1710）に由来する温度単位です。レーマー度を使うとファーレンハイトが暮らす現在のポーランド・グダニスクの真冬の気温がマイナスになります。これが彼には許せなかったようです。そこで彼は最も寒い時の気温（または当時人工的にできた最低の温度：−17℃）を0°F、そして体温を100°Fとしようと考えました。

ところがこの基準値間を12等分し、さらにその間を8等分にすることができません。そこで体温を96°F（12x8=96）としました。この分割の感覚は十進法を使う日本人には理解しづらいですね。筆者の思い出で恐縮ですが、米国へ行くとき教授から「お前なぁ、体温が100度を超えたらやばいんやでぇ」と言われました。100°Fは37.8℃ですから、これを超えると確かにやばいです。

さて、絶対零度は何度でしょうか？そうです、摂氏ではマイナス273℃です。絶対温度では0Kです。Kはケルビンと読みます。イギリスの科学者ケルビン卿（ウイリアム・トムソン1824-1907）が提唱しました。つまり、これより低い温度は無いのです。高温はコロナウイルスの名前の由来である太陽のコロナが100万℃とか、ビックバン時の温度は数兆℃というのに、低温はマイナス273℃までなのです。

気体の膨張を調べていたジャック・シャルル（1746-1823）は1℃当たりの膨張率が1/273であり、－273℃になると気体の体積が0になるとしました。もちろん冷却途中で液体、固体になるので体積は無くなりませんが、絶対零度では分子の熱運動が停止してしまいます。

シャルルは気体の研究をしていたこともあってか水素ガス気球を発明し、パリでシャルル自身が乗って有人飛行を成功させます。その初飛行を米国のベンジャミン・フランクリンが特等席で見ていたそうです。米100ドル紙幣に彼の肖像がありますね。

絶対温度（K）、摂氏（℃）、華氏（°F）、レーマー度（°Rø）には相関があり、下のような換算式があります。

$$K = {}^\circ C - 273$$
$$^\circ F = {}^\circ C \times (9/5) + 32$$
$$^\circ R\text{ø} = {}^\circ C \times \frac{21}{40} + 7.5$$

℃	°F	°Rø
－17.8	0.0	－1.8
－14.3	6.3	0.0
0.0	32.0	7.5
35.6	96.0	26.2

摂氏、華氏、レーマー度の対応表

2-05 弾性とバネ

前項で粘性について記したので、ここでは弾性について記します。弾性とは変形させたときに元に戻ろうとする性質です。変形量が大きければ元に戻ろうとする力も大きくなります。まるでバネのようです。それでこのモデルにはバネが使われます（図2-10）。

JIS規格には弾性の測定方法が記載されています。変形のさせ方も色々で、引張ったり、曲げたり（たまわせたり）、ねじったりします。もちろん、

図2-10　弾性のモデル：バネ

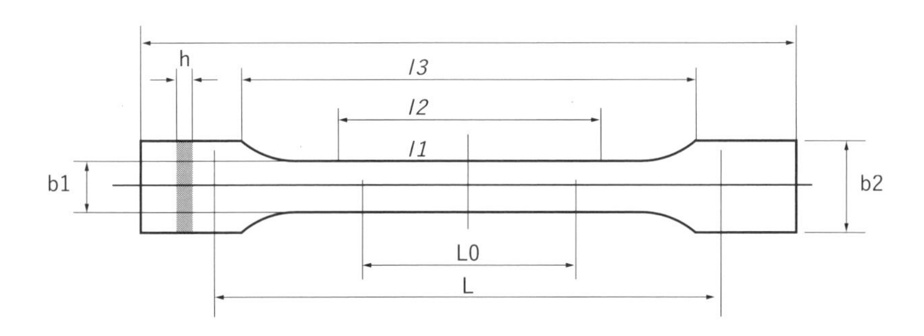

図2-11　ダンベル型試験片（JIS K7161規格）

それぞれの長さが定められています

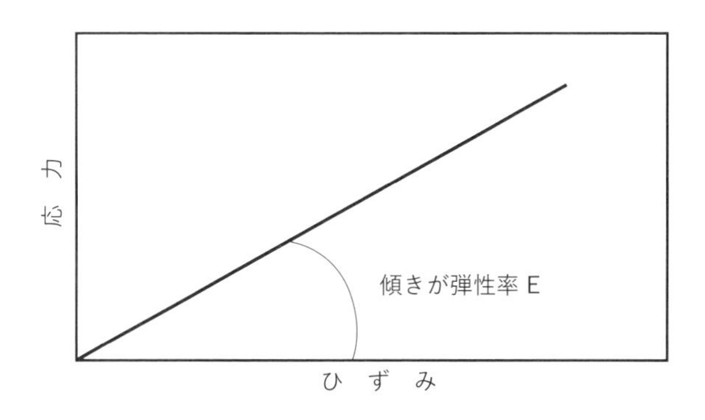

図2-12　弾性率を求める

変形後は元に戻ることが前提ですから、サンプルは固体です。

固体のプラスチックの測定にはダンベル型に切り取った試験片を基本的に使います（図2-11）。このダンベル型には幾種類か決まった形がありサイズがJISで規定されています。長方形の短冊形もあります。

変形させたとき生じる力を測定します。力は単位面積当たりの力で応力と呼びます。これは粘度測定と同じです。変形量は長さで規格化され「ひずみ」とよぶ物理量を扱います。

バネに戻ります。バネにおもりをつるすとバネは伸びます。おもりの重さをm、バネの伸びをLとすると、Lはmに比例します。おもりではなく手でバネを伸ばそうとすると手に力を入れます。力の大きさをFとすると、FもLに比例します。小学生の理科で習いますから、小学生でも知っている現象です。伸び（変形）を規格化してひずみ（ε）とすると、Fはεに比例します。英国のフックが発表したので「フックの法則」と言います。中学生で習ったかもしれません。大学では力を単位面積当たりの大きさに規格化した応力（σ）と呼ぶ物理量にします。前項の粘度と似ていますね。次のように式で表します。フックの法則が成り立つ範囲でσはεに比例します。

$$\sigma = E \times \varepsilon$$

Eを縦弾性係数または簡単に弾性率と呼びます。英国のトマス・ヤング(1773-1829) が調べたので「ヤング率」とも言います。縦があれば横もあります。横弾性係数はせん断弾性率ともよばれGで表します。

「フックの法則が成り立つ範囲で」とことわったのは、これもまた粘度に似て、直線から外れていく物質が多いからです。

ここでも単位を考えましょう。ひずみは長さを長さで割っているから無次元です。応力は単位面積当たりの力ですから［Pa = N/m^2］、したがって弾性率も応力と同じ次元の［Pa = N/m^2］です。

2-06 線形領域

粘性と弾性の項で、グラフの傾きがそれぞれ粘性係数と弾性率を表していると説明しました。それぞれの傾きを速度勾配またはひずみに対してプロットすると、横軸に平行な直線が引けるはずです。これを線形と呼びます。

ところが実際には試験条件や装置には測定感度の限界があるため、グラフの直線がずうっと直線のままであることはありません。プラスチックの力学試験では、例えばS-Sカーブで降伏値や破断点を調べるために引張試験で大変形をあたえる試験もあります。それゆえに、粘性の項では「その範囲で直線であれば、その範囲内ではニュートン流体である」と、また弾性の項では「フックの法則が成り立つ範囲」とことわりました。ある限られた範囲の中で直線なのです。

非ニュートン流体は物質の特性である場合があります。粘性率が上がっていく場合や、それとは逆に下がっていく場合があります。それらの例はレオロジーの教科書にビンガム流体などいろいろ紹介されていますが本書では触れません。

一方、弾性率が直線から外れるのは上述のように試験条件や装置の測定感度によることが多いようです。変形が小さいためにトルクがうまく測定でき

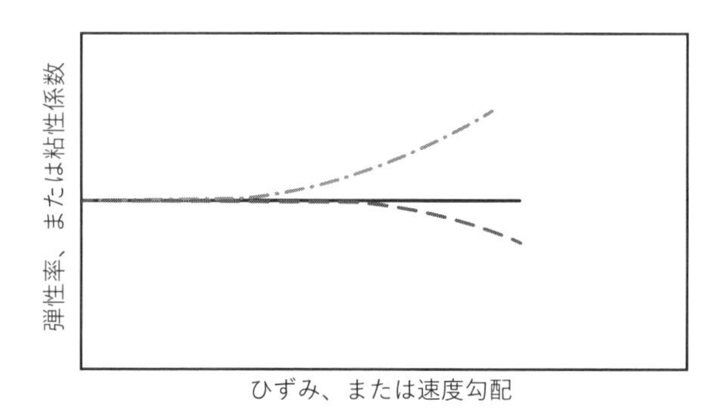

図2-13　測定では試験領域が線形領域にあることを確認しなければならない

なかったり、変形が大きいとサンプルが滑ったり破断したりでデータがおかしくなります。このために、測定をするときには測定条件が線形領域にあるかどうかを初めに確認しなくてはなりません。

樹脂やゴムは温度で状態が変わり粘性と弾性に影響しますから、温度を変えながらの試験では変形速度や変形量に注意が要ります。線形領域では傾きである弾性率（GまたはE）は一定ですから、ひずみに対して弾性率をプロットすると水平な直線になります。例えば樹脂の試験で合成曲線（マスターカーブ）を作成するときには、線形領域にあることを確認して試験を行います。プロットで弾性率が下がり始めると、そこからは線形領域ではありません。試験条件を作成するときは、ひずみ量だけではなく、周波数も線形領域にあることを確認します。周波数が高くなるほど線形領域は小さくなる傾向があります。

線形領域とかけ離れた大変形を与えて、その時の挙動を調べる研究もあります。例えばゴム業界ではおなじみのペイン効果試験です。ひずみが大きくなるにつれG'が低下してゆきます。その下がり具合でフィラーの分散性を評価します。これについて第4-09項に記します。もちろん研究者は非線形領域で試験を行っていることは承知しています。

2-07 応力緩和とクリープ

これ以降、応力緩和とクリープという言葉がしばしば出てきます。そこでこれらの現象をかいつまんで紹介します。

応力緩和は試料に変形を与え、その変形を維持した時に、初めに変形を与えた力が時間とともに減少していく現象です。もちろん、測定時の温度は一定であることが要求されます。

加熱して少し軟らかくなったプラスチックを2枚のプレートに挟んで捻り(形が保てれば引張っても押し込んでもいい)、プレートを止めたとします。試料は捻られた力を除こうとして（意思はありませんが…）分子の位置を変えて変形します。このときプレートに掛かる力（応力）を測定すると、その応力が時間とともに下がっていきます。この現象が応力緩和です。

応力緩和はレオロジーの基本で重要な概念です。レオロジー研究の歴史では初期に取り扱われた現象で、これを説明するためにレオロジーという学問が生まれたと言っても過言ではないでしょう。

では、クリープ（creep）とは何でしょうか。英和辞典を見てもすぐにはピンときません。英英辞典にはto move slowly and quietlyとあり明快です。試験では試料に荷重をかけてその変化量（伸び）を時間の経過とともに測定します。この試験も温度一定で行います。温度によっては、試験時間が1分間程度の短時間で終了したり数時間かかる場合もあります。

JISでは試料形状がダンベル型に規定されています。試験片が破壊するまでの時間や変化量が物質評価では重要です。またクリープ試験の途中で負荷を止めると変化量が減少すること（元に戻ろうとすること）があります。この現象をクリープ回復と呼びます。

カタログなどを見ると荷重を一定応力と書いてあるものが多数あります。理想は一定応力でしょうが、試験で一定応力を掛けることが可能でしょうか？試料が伸びると断面積は変化します。それに追随しながら負荷を制御するのは困難でしょう。いくつかのクリープ試験機メーカーの仕様を見ても一定荷重を掛けるようになっており、JISに準じていると書いてはいるものの決して一定応力ではありません。

クリープ試験は引張試験とよく似ています。しかし引張試験は引張り速度が一定な試験ですので混同しないようにしてください。

プラスチックの応力緩和試験、クリープ試験、引張試験など機械的性質は温度の影響が大きいですから、調べようとするカタログなどの資料を見るときは注意が必要です。

2-08 応力緩和と分子量

ここで応力緩和の例を示しましょう。レオロジーは試料の状況を反映することを示す一例です。試料はゴムの一種のEPDMで構成する分子（エチレン、プロピレン、ジエン）の組成比は同じです。この試料は架橋する前の原料です。試料Aと試料Bの平均重量分子量はそれぞれで約36万と22万で、試料Aの方が約1.6倍大きいです。試験温度は100℃で与えたひずみは150%です。

グラフの横軸には経過時間、縦軸にはトルクを取っています。図2-14は縦軸横軸とも実数スケールで描いています。こういった試験で実数スケールを使うことはほとんどありませんが、短時間でトルクが急激に低下していることがわかります。

図2-15は両対数グラフで、このスケールで表すのが一般的です。コンピューターのおかげで1秒よりも小さな時間でのデータ取得が可能になりました。平成初期まではプロッターでチャート紙にインク書きされた曲線を読み取らなければならず、1秒以下のデータ採りは困難でした。さて、応力緩和のデータを見ると100℃では2秒もすると初期トルクの10分の1になることがわかります。条件にもよりますが、思いのほか緩和の速度は速いのです。

このことを考慮しないと後述する動的試験の条件設定がおかしくなります。

図2-16は試料Bに対する測定条件をいくつか変えたものです。温度が50℃と100℃、与えたひずみが50％と150％の三種の組み合わせです。図を見て明らかなように試験条件が変わるとデータも変わります。

いくつかの試料を使って試験を行いその結果を比較するようなときには、当然ながら試験条件に細心の注意を払うようにしてください。標準試料または標準条件を定めたうえで条件を変えてください。極たまに、原料も添加物

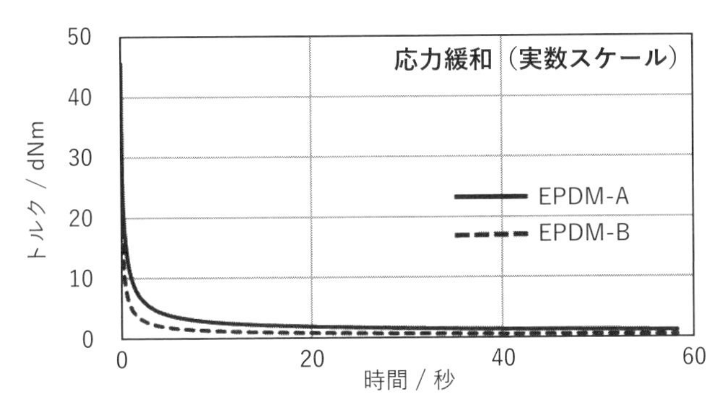

図2-14　分子量の異なるEPDMの応力緩和（実数スケール）
AがBよりも分子量が大きい。試験温度100°、ひずみ150%

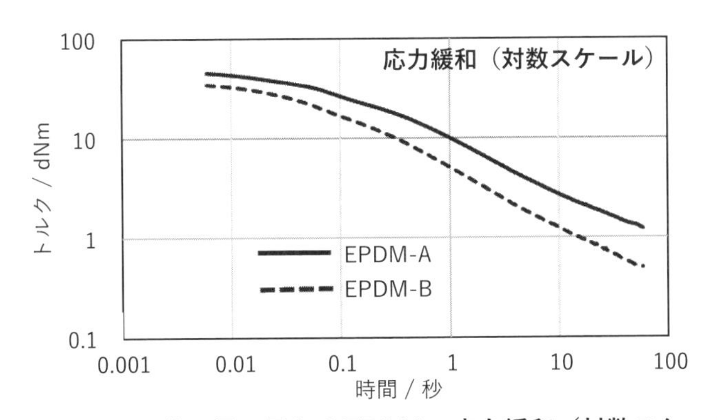

図2-15　分子量の異なるEPDMの応力緩和（対数スケール）
AがBよりも分子量が大きい。（図2-14を両対数グラフに書き換えています）

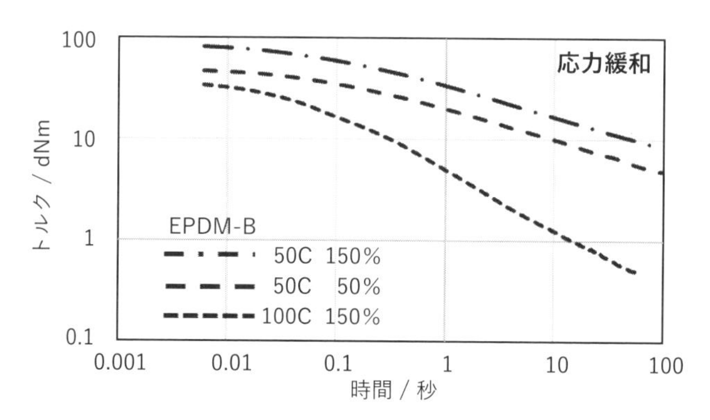

図2-16 試料Bに対する異なる試験条件での応力緩和試験
条件によって緩和曲線が異なる

もその混合比も異なる試料の測定結果を比較し、聴いていて何を云わんとされているのか理解に苦しむことがあります。その方は経験上比較するデータが頭の中にあるのでしょうが、聴いている側はそれが見えないのです。

2-09 MFRとムーニー粘度

樹脂やゴムなどプラスチックを加工するにあたってはその流動性を知ることが重要です。その流動性を表す工業的指標に、樹脂ではメルトマスフローレイト（MFR：Mass Flow Rate）が、ゴムではムーニー粘度があり、その値は製品カタログに記載されています。これらはもっとも簡単なレオロジー特性で、両方とも測定方法がJIS、ISO、ASTMで規定されていますので、それに従って測定すれば何ら問題はありません。

余談ながら、かつてMFRのMはMeltでしたがISOが普及する中でいつの間にかMassに置き換わりました。アジアの新興国はかつてはJISを参照していましたが2000年ごろからISOに移っていきました。JIS自体もISOを訳しているものが多々あり、ISOが設定したのでJISでもそれに倣って設定すると断わっているものもあります。時代の流れとはいえ、もはや工業国日本は凋落の一途にあると痛感される事象です。

MFRは加熱された円筒容器内で、一定量の熱可塑性樹脂を定められた温度で加熱・加重し、容器底部のオリフィスから10分間あたりに押出された樹脂の重量を測定します。値は単位：g/10minです。オリフィスの穴のサイズが変わればデータも変わりますから、そんなことがないようにオリフィスのサイズも規定されています。

一方、ムーニー粘度は円筒状の中空部（キャビティ）の中に、円盤状の金属製ロータを装着し、キャビティにゴムを充填し、規定の条件の下でロータを回転させ、ゴムの抵抗によってロータが受けるトルクをゴムのムーニー粘度としてムーニー単位で表します。ロータのサイズも規定されています。

いずれも試料に与える変形は一方方向ですから静的な測定方法です。MFR値もムーニー粘度値も試料の分子量の影響を受け、分子量が大きいと流れにくく、MFR値は小さくムーニー値は大きくなります。

ポリエチレンやポリプロピレンなどのポリオレフィンはMFRではなくMI（Melt Index）という用語が使われていますがMFRに移行、統一されつつあります。

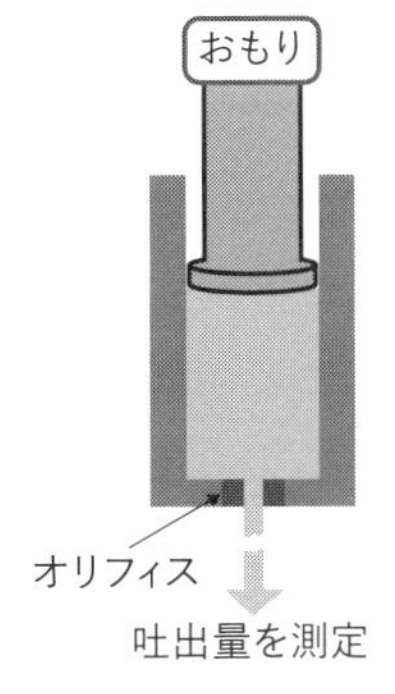

図2-17　MFRの概念図

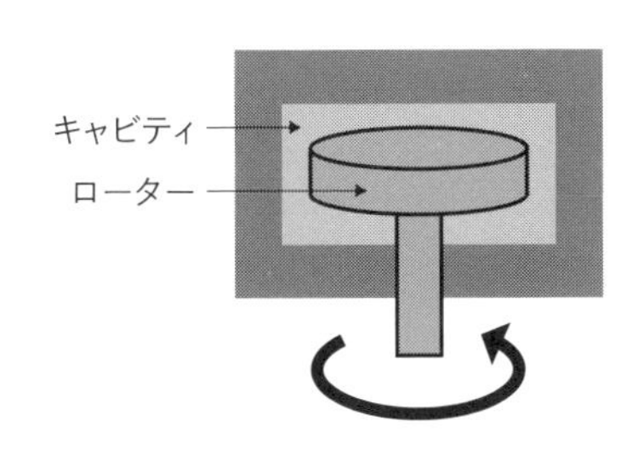

図2-18　ムーニー粘度計の概念図

COLUMN⑦

角度と三角関数の近似

ずりひずみの項で近似式θ = tanθだと記載しましたが、実際にはどこまで近似が成り立つのでしょうか？近似は正弦（サイン）にもあり、θ = sin θです。類似の近似は余弦（コサイン）には適用できません、わかりますよね。

そこでθとtanθ、sinθのグラフを作ってみました（下図）。θの単位（実は無次元です）は度（ディグリー、°）ではなくラジアンです。知っての通り 180° = πラジアンの関係があります。

図を見ると近似が適用できるのは約0.4ラジアン、約20度までのようです。

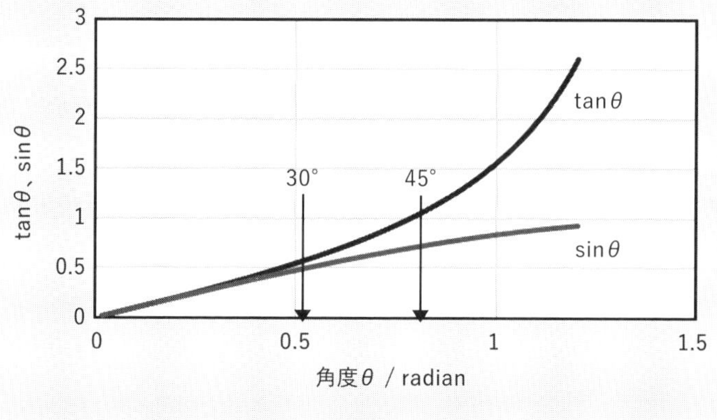

角度と三角関数の関係

2-10 ムーニー粘度

ムーニー粘度（MV）は、ゴムの世界では必須のものです。1934（昭9）年に米国のムーニー博士が発表して以来今日まで重要視されている物性値で、未架橋の未加硫原料ゴムや配合ゴムの加工性などを判断するために用いられています。測定は所定温度（100℃または125℃）で1分間予熱した直後にロータを始動させ4分後（ゴムの種類によっては8分）の値がムーニー粘度と規定されています。粘度といっていますが正しくは粘度ではなくトルクです。ロータの回転速度は2cpm（cycle per minute）です。cpmはrpmと書かれることもあります。rはrotationの頭文字です。

粘度ですから分子量の影響を受けます。承知のように分子量が大きいほど粘度が高くなります。図2-19には重量平均分子量（*M*w）が異なる5種類のEPDMのムーニー粘度曲線を示しています。試料の*M*wは下から18、20、26、27、28万（g/mol）です。最大10万程度の分子量の差ですが、明瞭に分かれています。またMV値と*M*wの間には良い相関があります（挿入図）。したがってムーニー粘度から同一種類の試料の*M*wを大雑把に推測することができます。

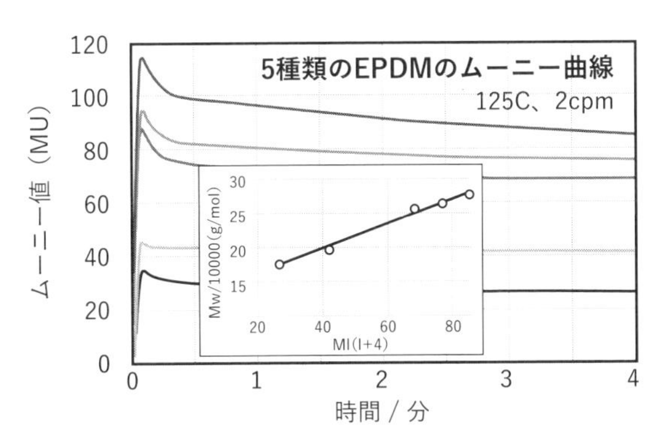

図2-19　Mwが異なるサンプルのムーニー曲線
Alpha Technologies社の資料をもとに作図

ムーニー粘度から推測できるのはMwで、分散の指標になるMw/Mnなどはわかりません。応力緩和試験や動的粘弾性試験ではMw/Mn自体はわからなくともグラフを見ると分散が大きいか小さいか程度の推測は可能です。

2-11 ムーニー粘度とひずみ速度

ムーニー粘度は同じなのに加工性が異なるという話を時々耳にします。ゴム業界ではおなじみのムーニー粘度は2cpmというかなりゆっくりと動くロータを4分間回転させたときのトルクの値です。再記しますが粘度ではなくトルクです。JISではトルクが8.30 N·mのときを100ムーニー単位（100Mまたは100MU）とすると定義されています。

ムーニー粘度計の平均ひずみ速度（せん断速度）は$1.25s^{-1}$程度だと知られています。加工時にはもっと速い速度でゴムや樹脂は練られ、つぶされ、押し出されます。プラスチックの粘度（見掛け粘度）はせん断速度に依存性し、せん断速度が高くなると粘度は低下します（図2-20）。またプラスチックの加工方法によってプラスチックにかかるせん断速度が大きく異なり、押しつぶしていくような圧縮成形では遅く、ビシュっと射出する射出成形ではとても速い。図2-20にいくつかの成形加工方法の大まかなせん断速度の位置を書き込んでいます。上述のようにムーニー試験のせん断速度は$1.25s^{-1}$程度ですから成形時に掛かるひずみ速度とは大きく離れているのがわかると思います。

図中の低ひずみ速度側の平坦部は粘度がせん断速度に依存しない線形部分ですのでニュートン流動を起こし、その粘度をゼロせん断粘度（Zero shear viscosity）といいη_0と表します。それ以降を擬ニュートン流動と呼びます。

この図に見るように物質に与えるひずみ速度が大きくなるとその粘度は低下します。○○が大きくなると粘度は低下する、この○○には温度も入ります。物質の粘度はひずみ速度と温度に依存します。これは、ひずみ速度と温度に相関があることを示唆しています。レオロジーではとてもとても大切な概念ですので別項で記述します。

物質の粘度のひずみ速度依存性は、物質によって異なります。図2-21のようにほぼ同じムーニー粘度を持つ２つの樹脂の粘度-ひずみ速度を考えましょう。曲線が交差する付近がムーニー試験のひずみ速度です。樹脂1は樹脂2に比べて低ひずみ速度では粘度が低く（軟らかく）、高ひずみ側では粘度が高い（硬い）特徴があるとします。加工時には樹脂１は樹脂2よりも粘

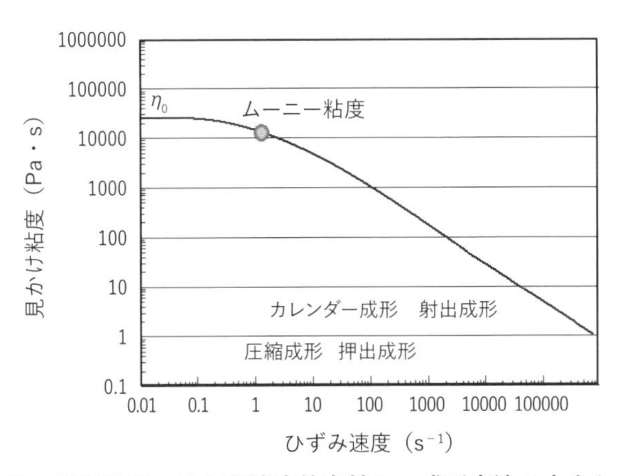

図2-20　樹脂粘度のせん断速度依存性と、成形方法の大まかなひずみ断速度域

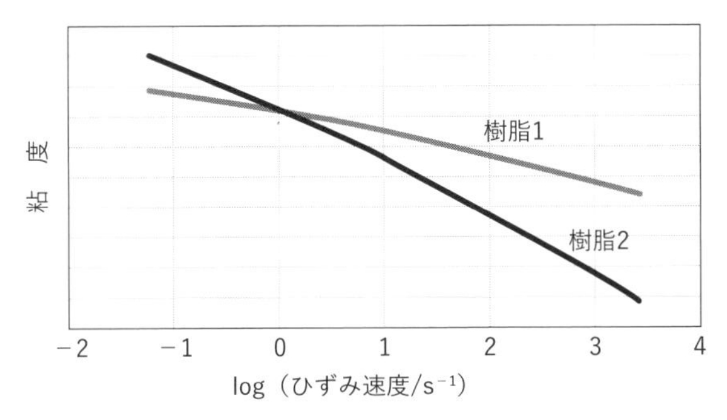

図2-21　ムーニー粘度が同じ（ひずみ速度1.25 s^{-1}）だが、異なるひずみ速度依存性を持つ樹脂の比較

度が高いですから、流動性が悪い、メルトフラクチャーが起きる、機械に掛ける電力が大きいなどの問題を生じるかもしれません。このようにムーニー粘度だけではなく広範囲の粘度-ひずみ速度の情報を知ることで加工性を推測できます。

図2-20の横軸に注目してください。スケールが0.01から1000000までの8桁もあります。一つの装置でひずみ速度をこれほど振ることができるのでしょうか？実は測定上のトリックがあります。温度を変えて測定するのです。第3-14項に記すひずみ速度と温度に相関があることを利用すると一つの温度で測定するよりも広い範囲の情報を得ることができるのです。それには時間－温度換算則、WLFといったキーワードが必要になります。

図2-20の作図は、周波数を振った動的粘弾性測定でも、一定速度で流す静的なキャピラリーレオメータ測定でも可能です。前者を動的粘度といい横軸の単位は角速度（rad/s）、後者は静的粘度で剪断速度（1/s）です。単位が違うのに角速度とせん断速度の数値が等価であり、両者の粘度曲線が重なるのです。それを見出した研究者の名前を取ってCox-Merz（コックス－メルツ）経験則といいます。1958年に発表された法則ですが、なぜ一致するのかはまだ証明されていないようです。ともに粘度を扱っているのですから物理的な関連があるはずです。

ところで著者の個人的見解で恐縮ですが、動的粘弾性に比べるとキャピラリーレオメータを使う測定は温度調整、測定数の多さや測定後のキャピラリーの掃除を考えると膨大な時間がかかるためにできれば避けたい方法です。

さて、始めに戻って、同じムーニー粘度なのに加工性が異なったという方からサンプルを預かって動的粘弾性の周波数分散試験と温度分散試験を行ったところ、やはり違いが認められました。結果を知らせて担当者の話を聞くと、材料の製品コードや入手先が異なっていたのが原因でした。このようなことがあるためでしょうか、ASTM D6204には動的粘弾性装置を使ってサンプルのレオロジー特性を比較する簡単な試験方法が記載されています。参考にされてはいかがでしょうか。

COLUMN⑧

ムーニー粘度と動的粘弾性

レオロジーでは温度、ひずみ、ひずみ速度、角速度などを変化させて測定を行います。その変化様式には一方向に変化させる静的な方法と振動する変化を与える動的な方法があります。静的であれ動的であれ方法が違っても得られた測定結果には相関があります。というか、相関がないとおかしいのです。

2020（令和2）年11月に新しくJIS K 6297が発行されました。それには原料ゴムのムーニー粘度と動的粘弾性値との良好な相関が示されています。その記述の一部に、「ロータレス密閉式レオメータによって測定された原料ゴムの*G*', *G*"及び|*G**|は，従来のムーニー粘度に対して代替指標としての有用性が認められた」とあります。

なぜ代替なのでしょうか？それには測定時間の短縮が挙げられます。長い歴史を持ち信頼性も確立しているムーニー粘度計は残念ながら構造的に自動化できない欠点があります。ご存じのようにムーニー粘度計はロータが付き、そのロータが一方向に回転する静的な測定方法です。毎測定後、サンプルを交換するためにロータ自体を外し、また溝に詰まったサンプルを取り除かねばならないのです。測定時間は数分と短いので測定者はほぼ装置に付きっきりになります。灰色の男たちに時間を奪われた現代人には耐えられない状態です。ぐうたらで、怠け者だと自省したり上司からも思われたりするかもしれません。

一方、ロータレスレオメータはロータがないので自動化が可能で自動装置が付いた製品があります。所定のサンプルをセットすれば、測定が終了するまでデータ処理や他の仕事を行ない、コーヒーブレイクもでき、時間にゆとりを持てます。会社内で動的粘弾性値とムーニー値の相関がとれていれば、代替を検討してもよいかもしれません。ただし、値は張りますので費用対効果も考慮してくださいね。あるグローバルな日本メーカーではムーニー粘度計をロータレスレオメータに替えて品質管理にも開発にも使われています。

2-12 粘弾性モデル（1） バネとダッシュポット

高分子やゴムは粘性と弾性を持つので粘弾性体と呼ばれます。粘弾性体の性質を理解しやすい模型（モデル）を作るために、弾性の説明にはバネが、粘性にはダッシュポットが使われます。ここでは単一のバネとダッシュポットの性質を記します。

弾性を表わすバネはとてもイメージしやすいですね。小学生の頃に使ったバネ秤を思い出してください。バネに重いものをつるすとバネの伸びは長く、軽いものだと伸びは短い。この関係をグラフで表したのが図2-22です。理解しやすいようにグラフを描くのは理系人の習性です。ここでは横軸には伸び（変形量）を、縦軸には力（応力）を取りました。グラフの傾きがバネ係数で、弾性率と呼びこの分野ではGまたはEの記号を使います。バネに重り（応力）を付けたままではどんなに時間が経っても伸びは変わりません。そして重りを取り除くと瞬時に伸びはゼロになり、バネは元の長さに戻ります。これをグラフにしたのが図2-23です。

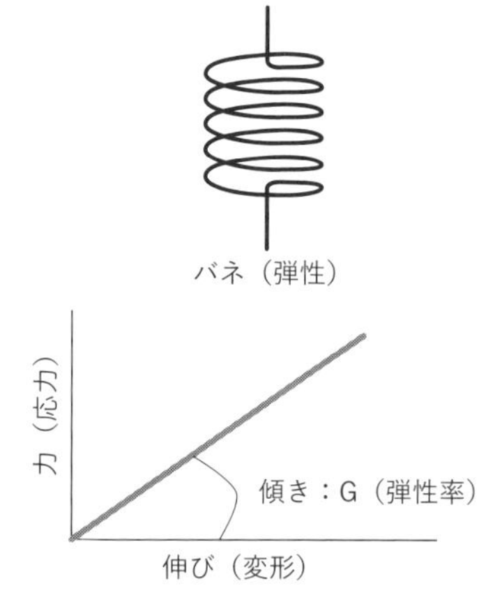

図2-22 バネの伸びと力の関係

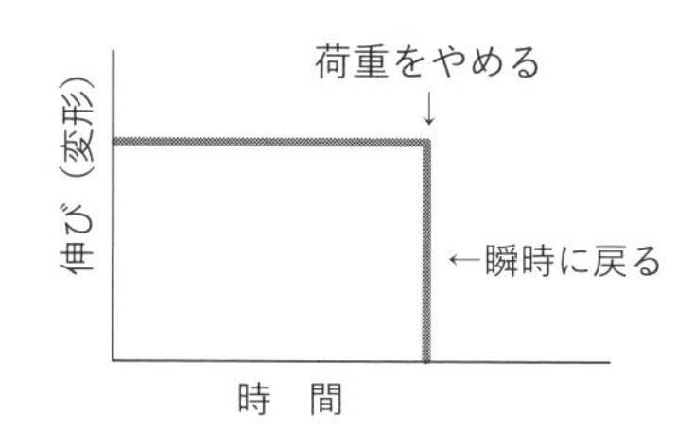

図2-23　バネの伸びと時間の関係

次に粘性を表すダッシュポットです。ダッシュポットとは何でしょうか？高分子のテキストでは、ダッシュポットとは注射器のようにシリンダー内をピストンが移動するようなものと説明されます。はて？著者は学生時代にこれをイメージするのに苦労しました。流出する穴が無ければピストンは押せない。ピストンで押し出した流体分はどうなるの？流体が気体なら押したピストンは元の場所に戻る、って具合です。

図2-24　粘性のモデル“ダッシュポット”をティーサーバーでイメージする

ある時気づきました。ティーサーバーだ！これだと粘性の特性を容易に理解できそうです。フィルター部分を素早く動かすには大きな力が必要で、ゆっくりには小さな力でよい。そして手を離せばフィルター部分は止まる。ダッシュポットの図には隙間があるのが良いでしょう。後年、中川鶴太郎著「流れる固体」（岩波科学の本）を読んだところ、なぜダッシュポットの図がわかりにくいのかがわかりました。『いちいちこんな図を描くのはめんどうなので』簡単にピストンのように書いてあるのだそうです。著者は北海道大学で学びましたが、著者が高分子学科に進んだ時には中川先生はすでに退官されていました。もし先生の講義を受けることがあれば、ダッシュポットについて長い時間悩むことは無かったと思います。

著者の経験ですが、米国人はダッシュポットと言い、ドイツ人はダンパーと言ってました。やはり、ピンときませんよね。機械系や装置系の方は簡単にイメージできるのでしょうか？

粘性を説明するのによく使われるのが水です。例えばプールの水中でゆっ

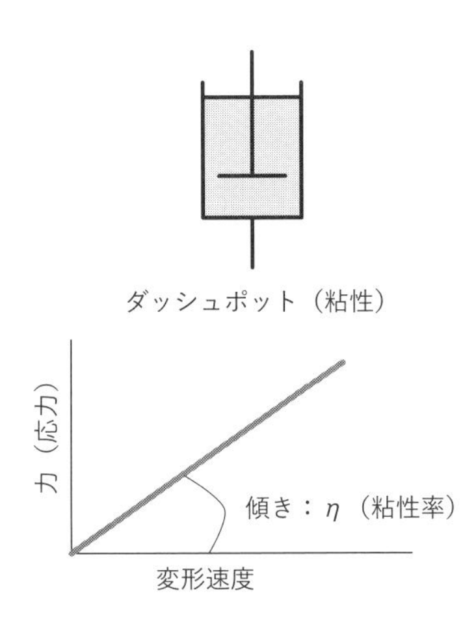

図2-25　ダッシュポットの速度と力の関係

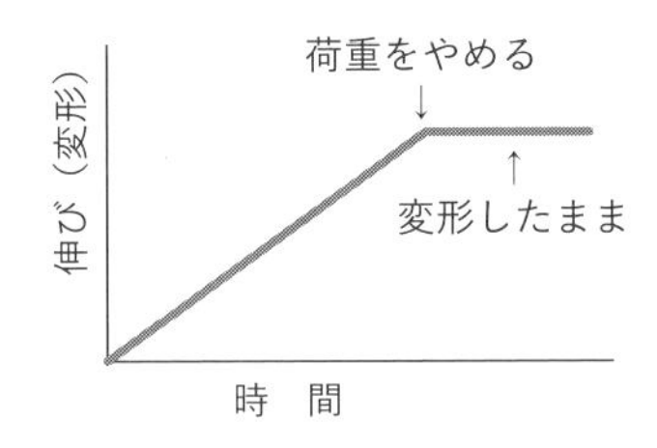

図2-26　ダッシュポットの伸びと時間の関係

くり動くとあまり水の抵抗は感じませんが、速く動こうとするとそれなりに抵抗を感じます。川の流れが緩やかであれば向こう岸に渡り切れますが、速い流れだと渡るどころか流されかねません。つまり水から受ける抵抗（力）は動く速度によって変わります。

ダッシュポットに戻ります。ダッシュポット内の液体の粘性が大きいほどピストンを動かすのに大きい力が必要で、動かす力が大きいほど速く動くでしょう。ここで動かす力と動く速さが比例すると仮定します。これをニュートン流体と呼びます。あのニュートンです。これをグラフで表したのが図2-25です。この直線の傾きが粘性率（粘度）で、ηで表します。またピストンの移動量（伸び）を時間に対してグラフに描いたのが図2-26です。ピストンを引張るのをやめるとそこでピストンは止まりそのまま動きません。バネが元に戻るのとは大きく異なります。外からの力がなくなった時にバネのように元の位置に戻るのか、それともダッシュポットのようにその場に留まるのかが、後述するマックスウェルモデルとフォークトモデルで重要になります。

2-13 粘弾性モデル（2）　マックスウェルモデル

前項で弾性の説明でバネが、粘性にはダッシュポットが使われると記しました。粘弾性体であるポリマーやゴムの変形と応力の時間変化を表すのにバネとダッシュポットの両方を使います。一番簡単なモデルはそれぞれ1本づつ直列または並列に繋いだ型です。

キーポイントはダッシュポットのピストンを押す力にピストンの動く速度が依存し（逆もまた真）、速度がゼロだとピストンの位置に変化がない（バネのように戻ったりしない）ということです。またダッシュポットのピストンが瞬時には応答できず動かないってことがミソです。

直列型はマックスウェルモデルと呼ばれ、応力緩和の説明に使われます。手でこの直列型のマックスウェルモデルを上からグッと押さえ付け、その変

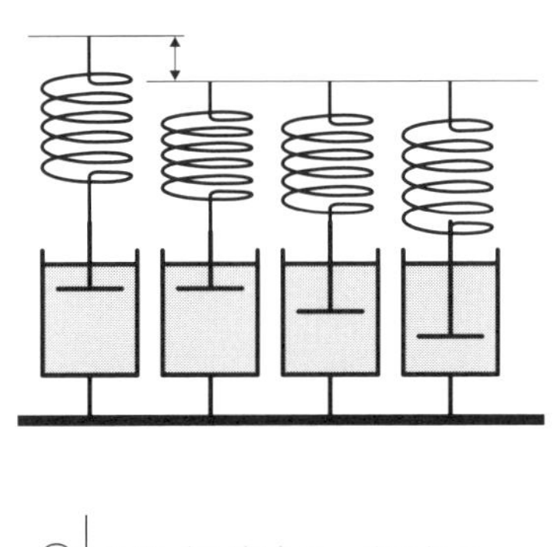

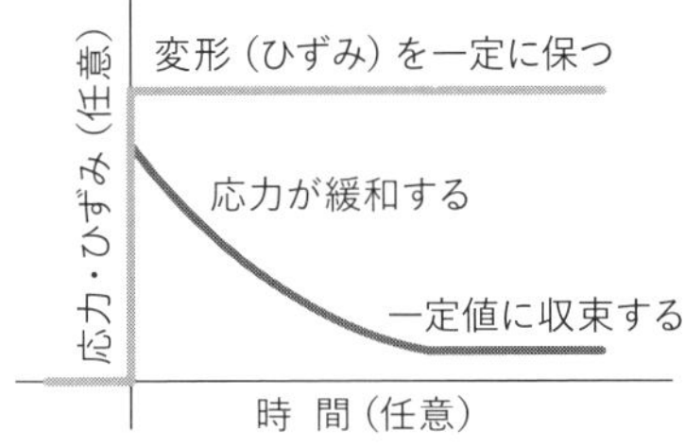

図2-27　マックスウェルモデルに一定ひずみを掛けた応力緩和の様子

形（ひずみ）位置を保つと想像してください。この様子を図2-27に示します。この押した瞬時（時間＝0）にバネが縮み、力（応力）が発生します。一方、ダッシュポットは瞬時には応答しませんが、時間経過とともに下ります。そのダッシュポットの移動分バネが伸び、手で感じる力は弱くなります。そしてもはや変化が無くなると試験は終了です。後述しますが、応力は直線ではなく指数関数的に低下（緩和）してゆきます。

最終的（時間＝∞）に一定値に収束した応力の値が0ならば粘性体（液体）で、何らかの値を持つときは粘弾性体で、応力がまったく緩和しないときは弾性体（固体）に分類されます。何度も書きますが高分子やゴムは粘性と弾性を持つので粘弾性体と呼ばれます。

今度はマックスウェルモデルにおもりをつるし荷重します（図2-28）。荷

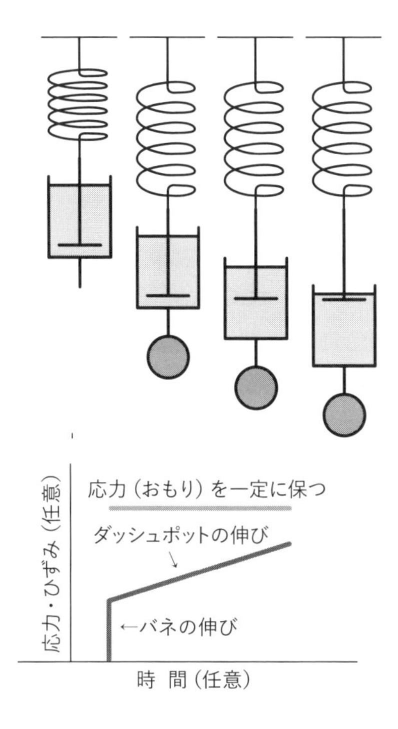

図2-28　マックスウェルモデルに一定荷重を掛けたときのひずみ変化の様子

重した瞬間にバネは応答して伸び、それ以降は変化がありません。一方、ダッシュポットは荷重瞬間には無反応ですが、経過時間とともに無限に伸びていきます。

2-14 粘弾性モデル（3） フォークトモデル

本項ではバネとダッシュポットを並列につないだモデルを説明します。フォークトモデルと呼ばれます。これは一定応力下での歪みの時間変化（クリープ）の説明に使われます。

この並列モデルにおもりを下げ、そのまま保ちます（図2-29）。初め（時間＝0）はダッシュポットの効果で変化がありません。その後、時間経過とともにダッシュポットが伸び、同時にバネも同量伸び、全体の歪みが変化します。歪みの変化は指数関数的に緩やかになり、最終的（時間＝∞）に一定値に収束します。この最終的な収束値は単にバネにおもりを掛けた長さ（歪み）になります。

ここではおもりを下げるように描きましたが、これとは逆におもりを上に載せてダッシュポットが下がりバネが縮むようにしても歪みの変化は同様に取り扱うことができます。おもりを取り除くとバネの効果でおもりを掛ける

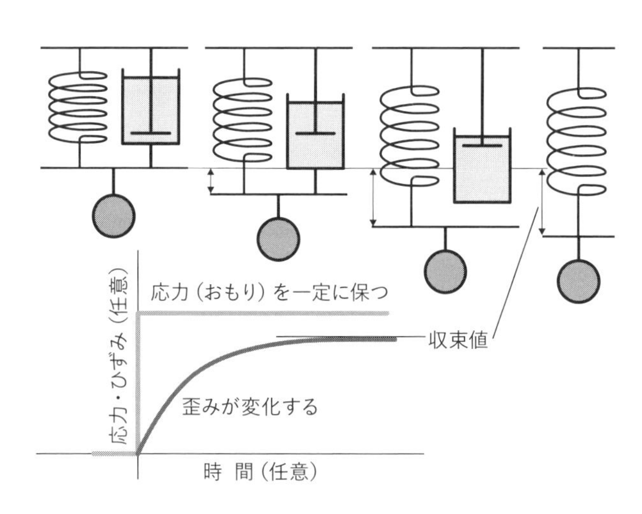

図2-29 フォークトモデルに一定荷重を掛けたときのひずみ変化（クリープという）の様子

前の状態に戻り、これを「ひずみ回復」または「クリープ回復」と呼びます。

注意してほしいことがあります。フォークトモデルに瞬時にひずみを掛けることはできません。それはダッシュポットが瞬時に応答できないからです。このためフォークトモデルは応力緩和には適応しません。

この並列モデルは日本の教科書ではフォークトモデルと書かれることが多いようです。英語のテキストではKelvin-Voigt model（ケルヴィンーフォークトモデル）の表記をよく見かけます。Kelvin卿（1824-1907）はイギリスの、Voigt（1850-1919）はドイツの物理学者です。マックスウェル（1831-1879）はイギリスの理論物理学者で電磁場の理論はとくに有名です。彼はキャベンディッシュ（1731-1810）の遺稿を論文集として出版したのを見届けてその年に亡くなっています。

2-15 マックスウェルモデルの数式　～応力緩和に適応～

バネ（弾性）とダッシュポット（粘性）を使ったモデルで、粘弾性体であるポリマーやゴムの変形と応力の時間変化（クリープ変形と応力緩和）を前項までに表しました。感覚的につかめたでしょうか。これからは同じモデルを使いながら数式で表します。

いままでおもりや力と表現したものをここからは応力と書き、記号σを使います。伸びや伸長をひずみと書き、記号γを使います。バネ定数や弾性係数にはGで、粘度や粘性係数にはηを使います。

バネで表される弾性では応力とひずみには比例関係があり、ダッシュポットで表される粘性では応力と速度（ひずみ速度）の間に比例関係があります。式で表すと下のようです。ひずみ速度はひずみ量と時間の変化の傾きなので$\frac{\gamma}{t}$ですが、ひずみの時間微分として扱い$\frac{d\gamma}{dt}$と表しましょう。

$$\sigma = G\ \gamma \qquad (1)$$

$$\sigma = \frac{d\gamma}{dt}\eta \qquad (2)$$

文系人は何じゃこの記号と思うでしょうが理系人は大学の数学で微分をこのような記号で学びます。ドイツの数学者ライプニッツがこの微分記法を考案しました。ここでライプニッツとニュートンによる微積分発見の優先権の争いが勃発するのですが、興味ある方は他書をご覧ください。

図2-30に示すようにマックスウェルモデルではバネとダッシュポットにかかる応力σは同じで、全体のひずみγは両者の和です。式で書くと下のようです。

$$\sigma = G\gamma_1 \qquad (3)$$

$$\sigma = \eta\frac{d}{dt}\gamma_2 \qquad (4)$$

$$\gamma = \gamma_1 + \gamma_2 \qquad (5)$$

式（3)〜(5）からγ_1とγ_2を消して、Gとηとσとγの式にします。そのために（3)と(5）のγ_1を微分形にします。

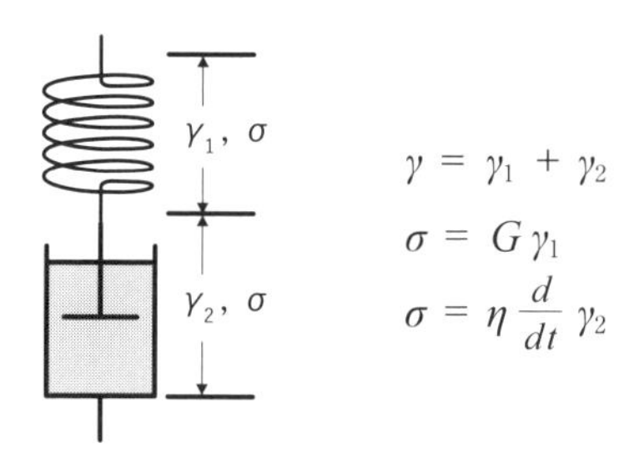

$$\gamma = \gamma_1 + \gamma_2$$
$$\sigma = G\gamma_1$$
$$\sigma = \eta\frac{d}{dt}\gamma_2$$

図2-30　マックスウェルモデルでのひずみと応力の関係

$$\frac{d}{dt}\sigma = G\frac{d}{dt}\gamma_1 \qquad (3')$$

$$\frac{d}{dt}\gamma = \frac{d}{dt}\gamma_1 + \frac{d}{dt}\gamma_2 \qquad (5')$$

(3')と(4)を(5')に代入して次の式を得ます。

$$\frac{d}{dt}\gamma = \frac{1}{G}\frac{d}{dt}\sigma + \frac{\sigma}{\eta} \qquad (6)$$

これがマックスウェルモデルの基本方程式です。

この式を使って典型的な粘弾性挙動の応力緩和とクリープを表しましょう。

①マックスウェルモデルでの『応力緩和』

繰り返しますが、応力緩和とは一定ひずみを掛けたときに応力が時間とともに減少していく現象です。ひずみγが一定ですから、この微分はゼロです。すなわち(6)の左辺が0です。

$$0 = \frac{1}{G}\frac{d}{dt}\sigma + \frac{\sigma}{\eta} \qquad (7)$$

(7)を変形します。

$$\frac{1}{G}\frac{d}{dt}\sigma = -\frac{\sigma}{\eta} \Rightarrow \frac{1}{\sigma}\frac{d}{dt}\sigma = -\frac{G}{\eta} \Rightarrow \frac{d\sigma}{\sigma} = -\frac{G}{\eta}dt \qquad (7')$$

このように変形されると、積分したくなりますよね。で、積分します。余談ながら、積分記号「∫」もライプニッツ考案です。

$$\int\frac{d\sigma}{\sigma} = -\frac{\sigma}{\eta}\int dt$$

これを解くと下の対数lnの式になります。Cは積分定数です。

$$\ln \sigma = -\frac{G}{\eta}t + C \qquad (8)$$

ここでGもηも物質に固有な定数ですから、この比のG/ηも定数になります。ここでの逆数を$\eta/G = \tau$（タウ）と置き換えます。τはレオロジーでは緩和時間と呼ばれる値です。

（8）でσの$\ln$をはずしましょう。初期条件（$t = 0$）で$C=\ln\sigma_0$とします。σ_0はマックスウェルモデルにひずみを掛けた瞬間の初期応力です。

$$\sigma = \sigma_0 \exp(-t/\tau) \qquad (9)$$

この数学記号expはイクスポーネンシャルと呼びネイピア数eの何乗かということを表します。(　)の内が複雑になるときによく使われます。つまり

$$e^x = \exp(x)$$

です。

式（9）は何を表わしているのでしょうか？それは応力緩和では応力が初期値σ_0から時間の経過とともに指数関数的に減衰していくことを表わしているのです（図2-31）。これは第2-13項で述べたことの証明です。

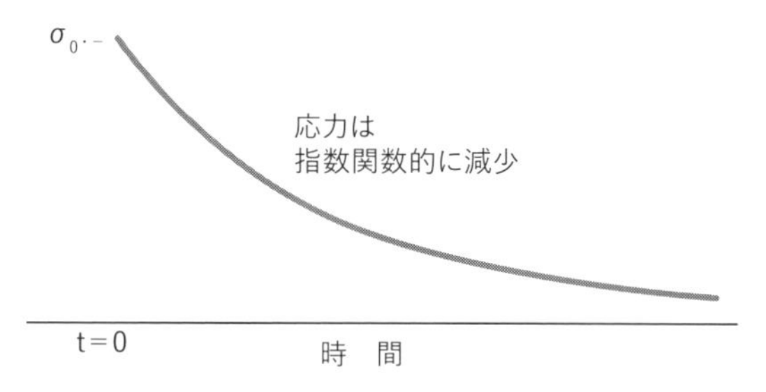

図2-31　マックスウェルモデルでの応力緩和の様子

②マックスウェルモデルでの『クリープ』

クリープとは一定荷重を掛けたときにモデルのひずみが時間とともに増大していく現象です。一定荷重ということは、当たり前ですが、荷重が時間で変化しないということです。すなわちマックスウェルモデルの基本方程式で $\frac{d}{dt}\sigma$ がゼロです。したがって（6）は下の（10）になります。

$$\frac{d}{dt}\gamma = \frac{\sigma}{\eta} \qquad (10)$$

初期条件を与える荷重をかけた瞬間（$t=0$）ではダッシュポットの伸びはまったくなく、バネの伸び $\frac{\sigma}{\gamma_1}$（←（3）式から）だけが発生します。そこで（10）を積分すると下の（11）になります。

$$\gamma = \frac{\sigma}{\eta}t + \frac{\sigma}{\gamma_1} \qquad (11)$$

（11）はマックスウェルモデルのクリープではひずみが時間経過とともに直線的に増大していくことを表わしています（図2-32）。ところが！実際の実験結果は直線では表されず、対数関数的になるのです。したがってクリープを表わすのにマックスウェルモデルは不適合なのです。このため高分子や

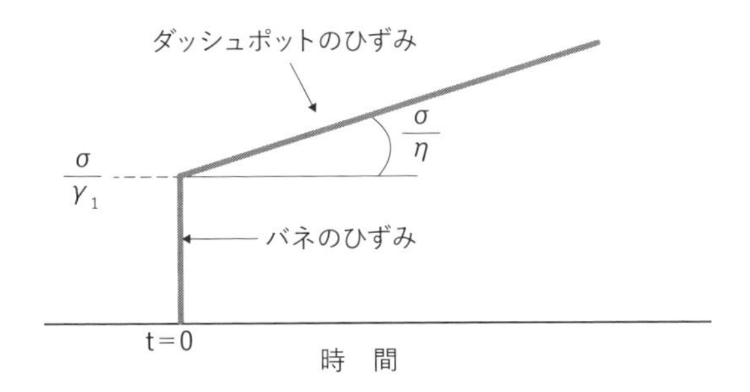

図2-32　マックスウェルモデルでのクリープの様子

実際の実験結果とは異なるため、このモデルはクリープ試験には不採用

レオロジーのテキストでは記載されていないのがほとんどです。

2-16 フォークトモデルの数式　～クリープに適用～

この項ではフォークトモデルを数式で表します。バネ（弾性）とダッシュポット（粘性）の基本式はマックスウェルモデルの時と同じです。

$$\sigma = G\gamma \tag{1}$$

$$\sigma = \eta \frac{d\gamma}{dt} \tag{2}$$

フォークトモデルでは図2-33に示すようにバネとダッシュポットのひずみ（γ）が同じです。また全体の応力は両者の和です。式で書くと下のようです。

$$\sigma_1 = G\gamma \tag{3}$$

$$\sigma_2 = \eta \frac{d}{dt}\gamma \tag{4}$$

$$\sigma = \sigma_1 + \sigma_2 \tag{5}$$

（3）と（4）を（5）に代入します。

$$\sigma = G\gamma + \eta \frac{d}{dt}\gamma \tag{6}$$

これがフォークトモデルの基本方程式です。

マックスウェルモデル同様にこの基本式を使って典型的な粘弾性挙動、応力緩和とクリープを表してみます。賢明な方はフォークトモデルでも応力緩

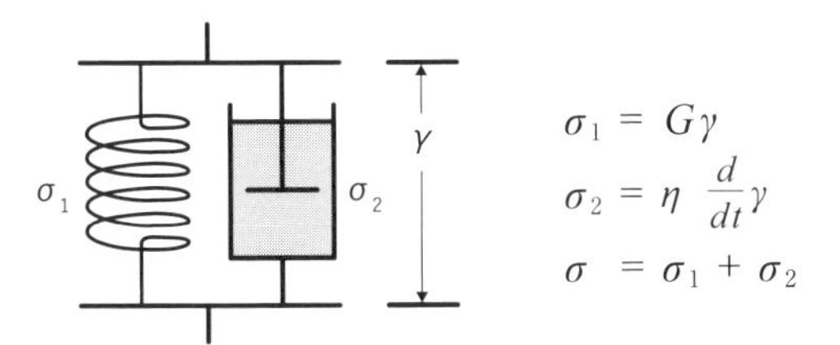

図2-33　フォークトモデルでのひずみと応力の関係

和かクリープのどちらかが測定結果に合わないかもしれないと予測されるかもしれません。実はその通りなのです。

①フォークトモデルでの『応力緩和』

応力緩和とは一定ひずみを掛けたときに応力が時間とともに減少していく現象です。なおここでは、瞬時には応答しないはずのダッシュポットのピストンが移動すると仮定しています。(だからフォークトモデルを説明する際には応力緩和には触れませんでした)。ひずみγが一定ですので、この微分はゼロです。すなわち（6）で $\dfrac{d}{dt}\gamma = 0$ ですから次のように書き換わります。

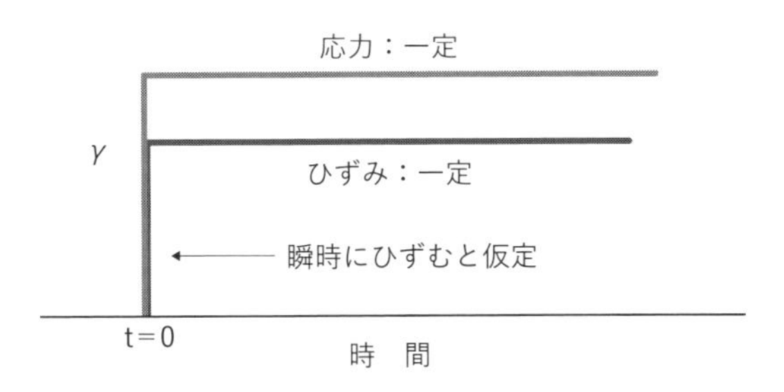

図2-34　フォークトモデルでの応力緩和の様子

フォークトモデルを解くと応力は一定値になるため緩和状況を表わさない。したがって、このモデルは応力緩和には不適合です。

$$\sigma = G\gamma \qquad (7)$$

Gは固有値でしかもγは一定値ですから（7）ではσが一定値のまま不変です(図2-34)。値が変わらないのだから緩和状況を説明できません。したがってフォークトモデルは応力緩和には不適です。このために後述するフォークトモデル部分がある多要素モデルにでは応力緩和を扱うことがありません。

②フォークトモデルでの『クリープ』

再記しますが、クリープとは一定荷重を掛けたときにモデルのひずみが時間とともに増大していく現象です。一定荷重なので式（6）の応力σを定数とみなし、この式を変形します。

$$\eta \frac{d}{dt}\gamma = \sigma - G\gamma = -G\left(\gamma - \frac{\sigma}{G}\right) \qquad (8)$$

変数分離して、γを左辺にまとめ、それから両辺に積分記号$\int$を付けます。

$$\int \frac{1}{\gamma - \sigma/G}\, d\gamma = -\int \frac{G}{\eta}\, dt \qquad (9)$$

計算します。左辺は$1/\gamma$の積分だから自然対数lnになりますね。

$$\ln(\gamma - \sigma/G) = -\frac{G}{\eta}t + C \qquad (10)$$

Cは積分定数です。マックスウェルモデルと同様にここでもlnをはずしましょう。

$$\gamma - \sigma/G = \exp\left(-\frac{G}{\eta}t + C\right) = \exp\left(-\frac{G}{\eta}t\right) \times \exp(C) \qquad (11)$$

右辺の分離には指数法則$a^{x+y} = a^x \times a^y$を使っています。

初期条件（$t = 0$）では$\gamma=0$（ひずみが無い）なので$\exp(C) = -\sigma/G$です。

ひずみ（γ）がどのようなtの関数になるのかを式で表すのですから（11）は下の（11'）になります。

$$\gamma = \frac{\sigma}{G}\left[1 - \exp\left(-\frac{G}{\eta}t\right)\right] \qquad (11')$$

ここで$t=\infty$を考えます。すると$\exp\left(-\frac{G}{\eta}\infty\right) = \exp(-\infty) = \frac{1}{e^{\infty}} = 0$になりますね。したがって$\gamma_{\infty} = \frac{\sigma}{G}$となるので（11'）は（11"）になります。

$$\gamma = \gamma_{\infty}\left[1 - \exp\left(-\frac{G}{\eta}t\right)\right] \qquad (11'')$$

マックスウェルモデルでは$\eta/G = \tau$とし緩和時間と呼びました。ところがフォークトモデルではτではなくλ（ラムダ）で表し、このλを遅延時間と呼びます。これを使って（11"）を書き換えます。

$$\gamma = \gamma_{\infty}[1 - \exp(-t/\lambda)] = \gamma_{\infty}(1 - e^{-t/\lambda}) = \gamma_{\infty}\left(1 - \frac{1}{e^{t/\lambda}}\right) \qquad (12)$$

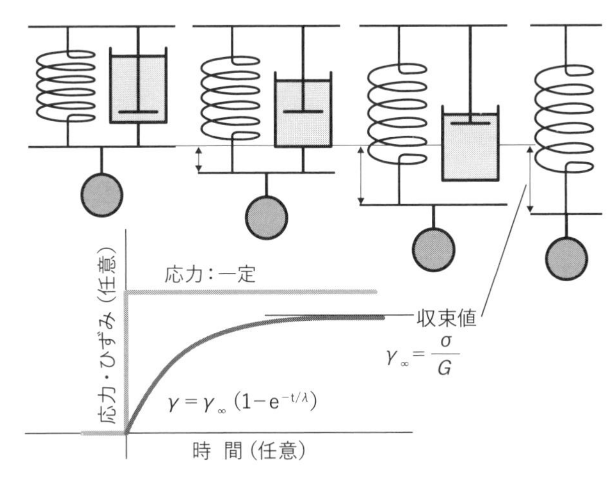

図2-35　フォークトモデルでのクリープの様子

式（12）は何を表わしているのでしょうか？それはクリープではひずみがゼロから極限値$\gamma_{\infty}(=\frac{\sigma}{G})$に向かって時間の経過とともに増大していくことを表わしています（図2-35）。

2-17 緩和時間と遅延時間

マックスウェルモデルは応力緩和に、フォークトモデルはクリープに適用されると前述しました。実際のところは測定結果と完全に合致するのではなく、傾向がよく似ている程度です。どのテキストにも実際はそんな簡単なモデルで表されるものではないと異口同音に書いてあります。

さて、マックスウェルモデルでは緩和時間（τ）が、フォークトモデルでは遅延時間（λ）なる専門語が出てきました。下のように定義されておりまったく同じです。

$$\tau = \eta / G \qquad (1)$$

$$\lambda = \eta / G \qquad (2)$$

時間となっていますが念のために次元を確認してみましょう。弾性率の定義に戻ると、弾性率Gは応力［Pa = N/m^2］を無次元のひずみで割るので、Gの次元は応力と同じ［N/m^2］です。

一方、粘性係数（粘性率）ηは応力をひずみ速度で割るので次元は［(N/m^2)/s^{-1} = (N/m^2)·s］です。すなわちη/Gの次元は［(N/m^2)·s］/［N/m^2］=［s］。したがってτもλも時間の次元［s］であるのが確認できました。

τが出てきたのはマックスウェルモデルでの次式です。

$$\sigma = \sigma_0 \exp(-t/\tau) \qquad (3)$$

λが出てきたのはフォークトモデルでの次式です。

$$\gamma = \gamma_\infty [1 - \exp(-t/\lambda)] \qquad (4)$$

そこでそれぞれを$t=\tau$または$t=\lambda$として解いてみましょう。ともにexpの（ ）のなかは−1になるのでexp部分は1/eになりますね。したがって(3)、(4) は次のようになります。

$$\sigma_\tau = \sigma_0 / e = 0.37\sigma_0 \qquad (3')$$

$$\gamma_\lambda = \gamma_\infty (1 - 1/e) = 0.63\gamma_\infty \qquad (4')$$

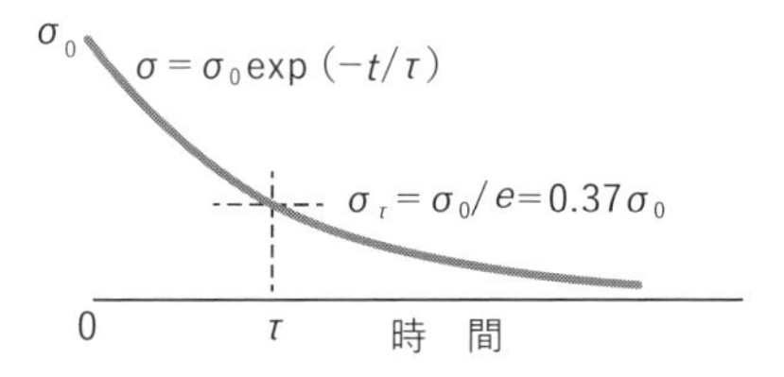

図2-36　応力緩和

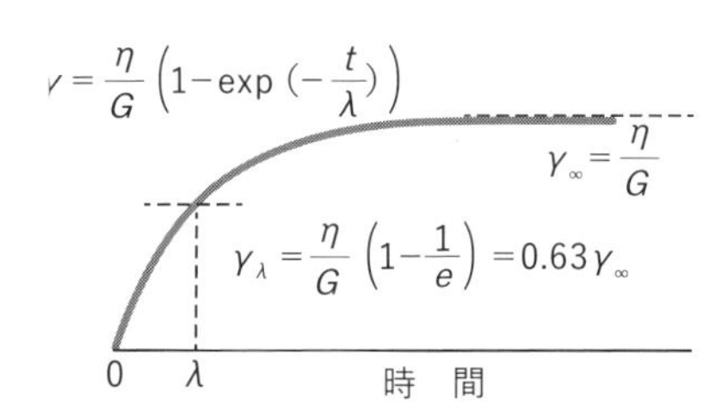

図2-37　クリープ

(3)と(4) のグラフを描き、その曲線で (3')と(4') がどの点に位置するのかを図示します。

式からも明らかですが、緩和時間は初期応力の0.37倍になる時間を、そして遅延時間は最終的なひずみの0.63倍になる時間です。ただし後者を正しく定めるのは測定では難しそうです、なぜならば最終的なひずみを得るまで待たなくてはならないのですから。

緩和時間とは言葉のまま受け止められそうですが、遅延時間とはどうして名付けられたのでしょうか。遅延は英語でretardationです。この意味には阻害・妨害もあります。ここでモデルの動きをイメージしてください。命名者はバネの動きをダッシュポットが妨害しているように想像したのかもしれません。

2-18 粘弾性のモデル（4） 三要素モデル

バネとダッシュポットを２本ではなく３本使ったモデルもあります。たいていのテキストには3本モデルは記載されていません。その理由として、プラスチックの粘弾性的性質の概要を知るのにモデルにバネとダッシュポットを２本使うと充分なこと、３本以上のモデルになると意外と条件設定が厄介なこと、個々のサンプル測定結果をモデルに合致させるまでの必要が無いことなどが挙げられるでしょう。実際いろんな発表を見てもモデルに合うだの合わないだのということを聞いたことがありません。さらには静的な変化よりも、直後に記述する動的変化の数式にすでに執筆者の意識が移っているのかもしれません。

ここでは行きがかり上3本モデルの条件設定が面倒なことを簡単に図示します。同じ要素を直列または並列につないだものは一つのバネまたはダッシュポットとして取り扱えますからこれらの型を除くと４つの組み合わせが在ります（図2-38～図2-41)。

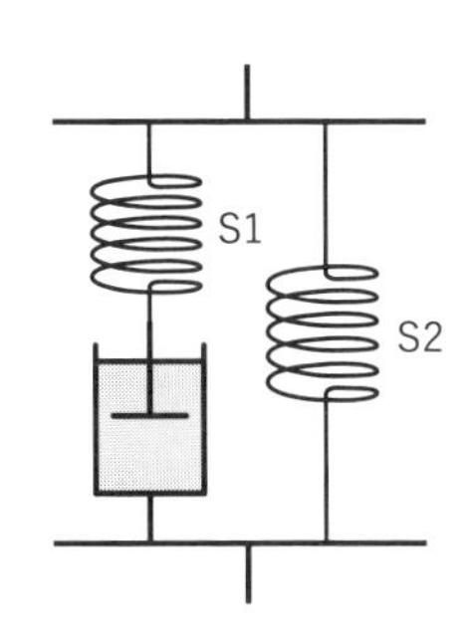

(a) 構成要素　モデル1

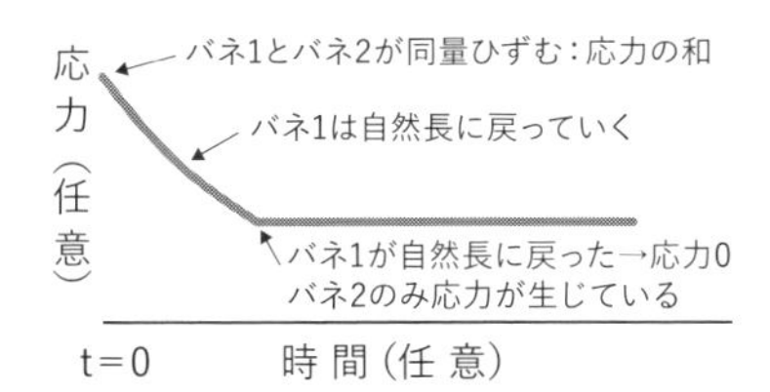

(b) モデル1の応力緩和の様子

$t = 0$ で応力は$(G_1 + G_2)\gamma$
$t = \infty$ で応力は$G_2\gamma$

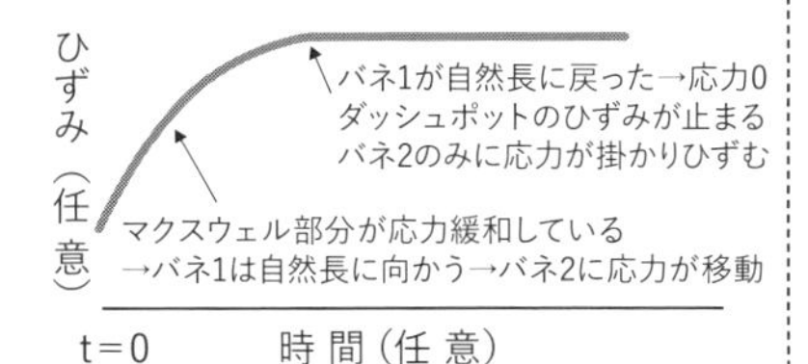

(c) モデル1のクリープの様子

$t = 0$ で$\gamma_0 = W / (G_1 + G_2) = W / 2G$
途中で除重するとひずみは0まで向かう

図2-38　3要素モデル（1）

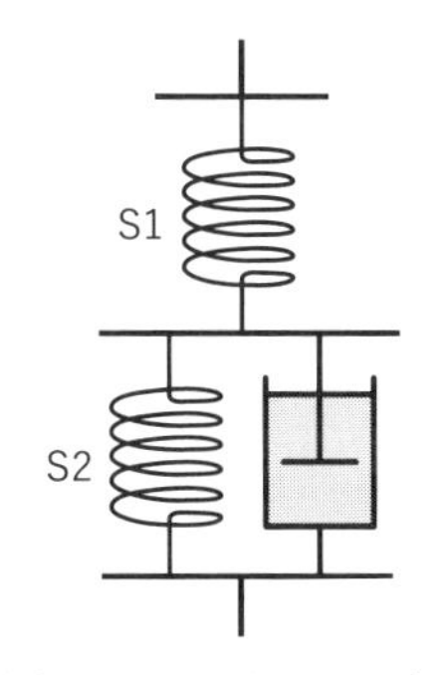

(a) 構成要素　モデル2

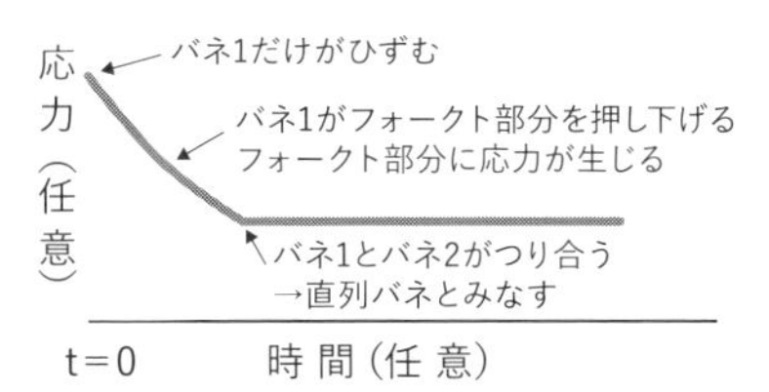

(b) モデル2の応力緩和の様子

$t = 0$ で応力は$G_1\gamma$
$t = \infty$ で応力は$\frac{G_1 \times G_2}{G_1 + G_2}\gamma$

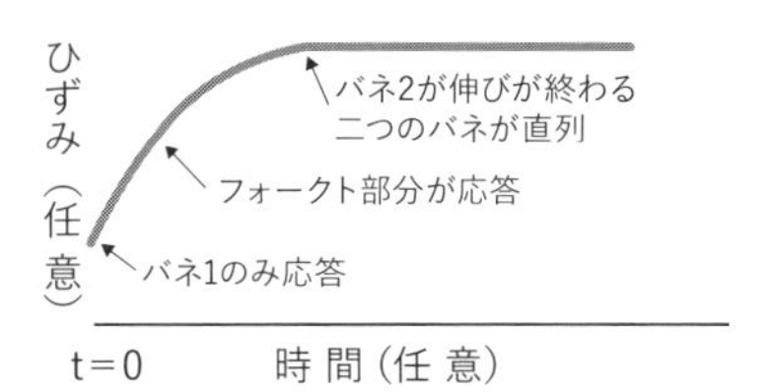

(c) モデル2のクリープの様子

$t = 0$ で$\gamma_0 = W / G_1$
途中で除重するとひずみは0まで向かう

図2-39　3要素モデル（2）

まずは図2-38です。一定ひずみ（γ）を与える応力緩和を考えましょう。ひずみを与えた瞬間は二つのバネしか応答せず、全体の応力は並列したバネの応力の和（$\sigma_1 + \sigma_2 = G_1\gamma + G_2\gamma$）になります。その後、右側のバネS2は初めに与えられたひずみのままで変化することはありません。したがって右側の応力σ_2も変化することはなく$\sigma_2 = G_2\gamma$のままです。これに対して左側は縮められたバネS1がダッシュポットの抵抗がなくなるまで（すなわち自然長まで）伸びていくので応力σ_1はゼロまで時間とともに小さくなっていきます。応力緩和が完全に終了したとき、バネS1はもはや宙ぶらりんですから、全体の応力はバネS2だけに依存する$G_2\gamma$になります。

図2-38のモデルに一定荷重を掛けたクリープを考えます。おもり（W）をつるしたと想像して下さい。ダッシュポットは瞬時には応答しないので、バネS1とバネS2の弾性率（バネ定数）が違ったら左右のひずみはバランスが取れません。これだけで思考が止まっちゃいそうです。これを回避するためにバネS1とバネS2のバネ定数は同じ（$G_1 = G_2 = G$）だとしましょう。そうするとt=0では並列バネとみなせるので初期ひずみ（γ_0）は$\gamma_0 = W/(G_1 + G_2) = W/2G$ですね。その後マックスウェルモデル部分が応答してバネS1が自然長まで戻りますから最終的にこの部分の応力は0になります。したがって最後にはバネS2だけで全体を支えますので最終ひずみはW/Gになります。

図2-39のモデルも上述のように考えると図2-38モデルに似たように振舞います。応力緩和では最終的にはバネ1とフォークトモデル部分のバネS2がつり合います。クリープではバネS1とバネS2が伸び切って終了します。

図2-38モデルも図2-39モデルもクリープ試験の途中で除重すると元の状態に戻ります。除重後は図2-38のバネとダッシュポットが直列につながったマックスウェルモデル部分のピストンが右のバネのひっぱりあげられながら伸びが縮みます。図2-39では下のフォークトモデル部分のピストンが並列に繋がれたバネの影響で最終的には元の位置に戻されます。図に描きませんが、ひずみは0になります。

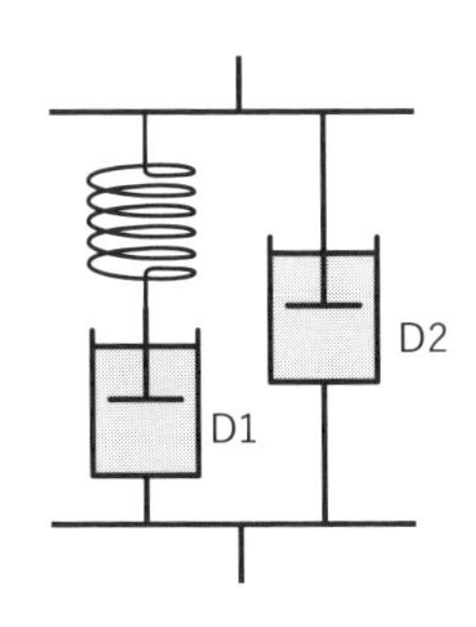

(a) 構成要素　モデル3

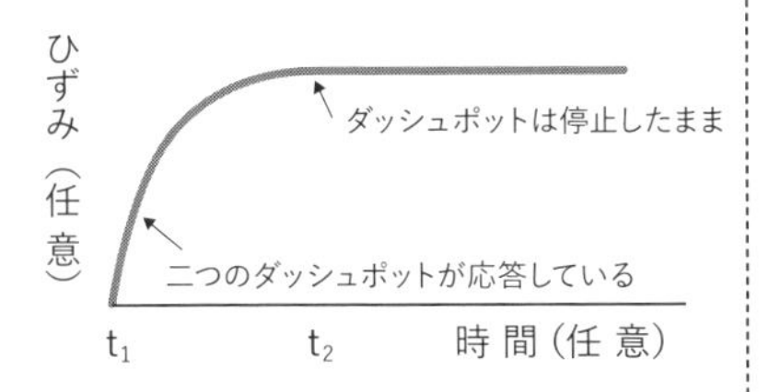

(b) モデル3のクリープの様子

図2-40　3要素モデル（3）

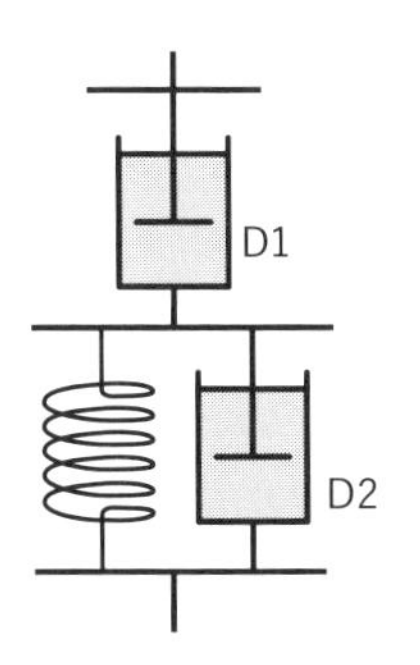

(a) 構成要素　モデル4

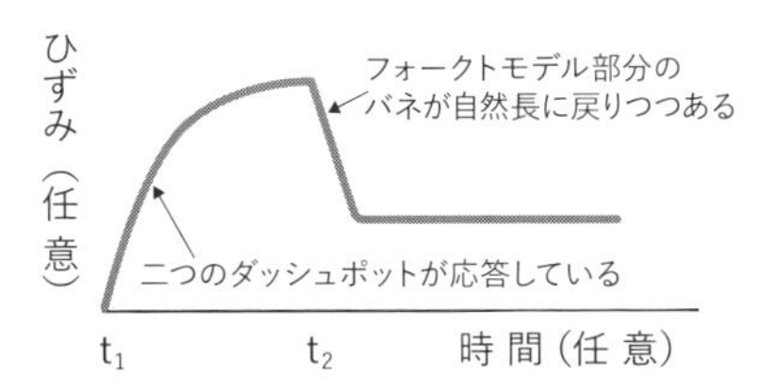

(b) モデル4のクリープの様子

図2-41　3要素モデル（4）

続いて図2-40と図2-41のモデルです。図を見て明らかなように、これらのモデルではダッシュポットが瞬時に応答しませんから応力緩和試験のモデルには不適です。もはや記載することはありません。

このモデルにクリープ試験で荷重したままだとするとダッシュポットは留まることなく変化し続けます。もちろん図2-41のフォークトモデル部分のバネが伸び切ったらダッシュポット2の変化は止まりますが上のダッシュポットD1が止まりませんよね。

そこで図2-40モデルと図2-41モデルに時間t_1で重りを掛けて時間t_2で重りを取り除いた時の伸びの様子をそれぞれの下に図示します。ダッシュポットのピストンが元の位置に戻るかどうかがモデルの分かれ目です。

図2-40と図2-41のバネはダッシュポットの影響でおもりの着脱時に瞬時に応答できないためダラダラと伸びていきます。また除重後は図2-40ではバネは宙ぶらりん状態ですから二つのダッシュポットは除重時のまま止まってしまいます。一方、図2-41の上のダッシュポットが完全には元に戻らないため時間が経っても伸びが残ったままですが、フォークトモデル部分はバネが自然長にまで戻ります。

こうやってみると、図2-38と図2-40のような二つの板に挟んだ三要素モデルの扱いが、図2-39と図2-41のように二階建てモデルに比べてより厄介なのがわかりますね。多要素モデルでは、マックスウェルモデルを並列につなぐモデル、またはフォークトモデルを直列につなぐモデルが多くのテキストに図示されています。そして計算式では足し合わせ記号Σが使われますが、そういうことは本書の範囲を超えていますので他の成書をご覧ください。

2-19 粘弾性モデル（5） 四要素モデル

三要素モデルがあればそれ以上も考えられますがレオロジーの教科書ではそれらの説明をあまり見かけません。実際のプラスチックは分子量分布があって厳密にモデルでカーブフィットするのが難しいうえにそこまでやる必要があるのかというと「？」です。ここでは四要素モデルの二つの例を記しますが、それは三要素または二要素モデルとよく類似しています。つまり三要素モデルで事足りているのです。

まずはマックスウェルモデルとフォークトモデルを直列に繋いだモデル（図2-42）です。三要素モデルでやったように時間t_1で荷重し時間t_2で除重させた例を図2-43に示します。荷重および除荷したとたんにバネS1が応答して同じ長さの伸びまたは縮みが生じます。荷重後はフォークトモデル部分のバネS2がダッシュポットD2の変化とともに伸びます。また除重後はフォークトモデル部分のバネが元の長さになるまで戻りますが、独立した

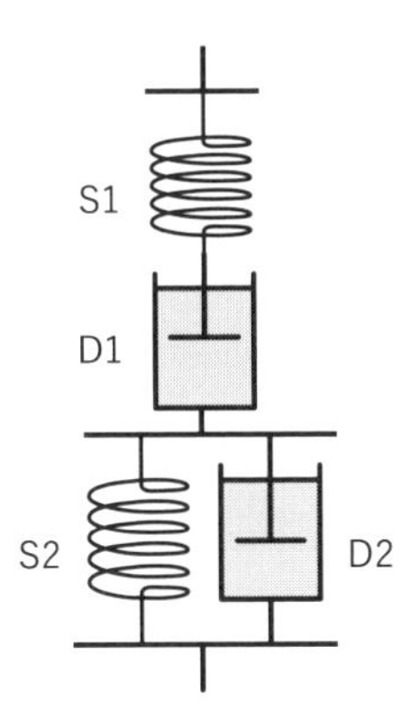

図2-42　４要素モデル（１）

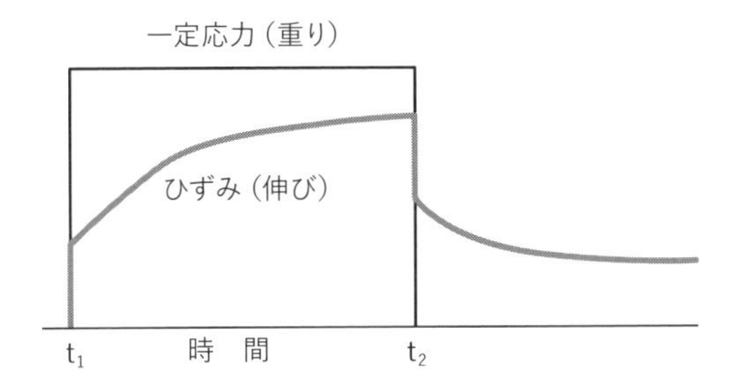

図2-43　図2-42に一定応力を荷重、除重した時のひずみの経時変化

ダッシュポットD1には永久ひずみが残ります。

図示しませんので想像しながら読んでください。図2-42のモデルを押さえつけて一定ひずみを掛けます。ひずみ印加直後には上のバネS1のみが応答し変形（縮小）します。そのあとは時間とともにダッシュポットD1とD2が応答し、バネS1は元の長さに戻ろうとする一方でバネS2は縮みます。最終的にS1は元の長さに戻り、上のマクスウェルモデル部分の応力は緩和してしまいます。与えた一定ひずみは下のフォークトモデル部分に残ります。上述のように押さえつけるのではなく、このモデルを引張って一定ひずみを

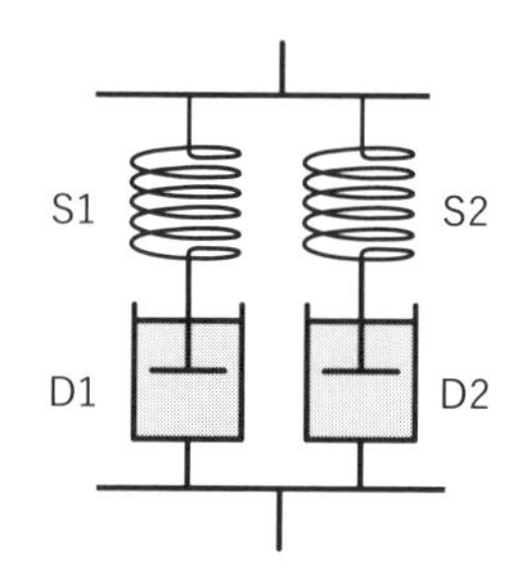

図2-44　4要素モデル（2）

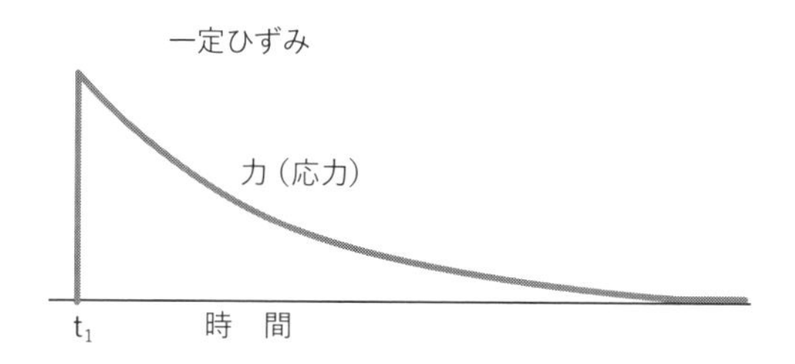

図2-45　図2-44に一定ひずみを掛けた時の応力の経時変化

かけた場合もバネとダッシュポットの応答は同様に考えられます。

次にマックスウェルモデルを並列に並べたモデル（図2-44）を考えます。まずは時間t_1で荷重し時間t_2で除重したとします。図示しないのでモデルの伸び方を想像しながら読んでください。時間t_1で荷重した瞬間に二つのバネは応答してしまいバネ部分の伸びは終了です。それから時間とともにダッシュポット部分がゆるゆると永遠に伸びていきます。マックスウェルモデルと同様ですね。

今度は図2-44のモデルに一定ひずみを掛けたときの応力の変化を考えましょう。簡単ですが図示（図2-45）します。ひずみを掛けた直後にバネS1とばねS2にかかる力を足した応力が生じます。それから時間とともにダッシュポットのピストンが移動するためバネが縮小して応力が小さくなっていき、最後はゼロになります。

動的粘弾性

3-01 測定原理（1） 静的変化と動的変化

三要素モデルなどモデルで示した例は静的（スタティック）な、すなわち一方向だけの変化です。これに対して周期的な振動を与える変化を動的（ダイナミック）と呼びます。動的測定を行うとG'（Gプライム）、G"（Gダブルプライム）やtan δ（タンデルタ）などの業界でよく耳にする物性値が出てきます。これはとても重要なので項を改めて記述します。

さて、動的とは何でしょうか？英語ではDynamicです。イメージとしては「行ったり来たり」です。体操でも静的、動的ストレッチがあります。例えば前屈で静かに腰を曲げていくのは静的で、上下や左右に揺らしながら曲げていくのは動的です。宇宙の大きさも動的で、膨張したり収縮したりしています。フリードマン宇宙といい約百年前の1922年に発表され、後にアインシュタインがいわゆるアインシュタイン方程式に宇宙項を導入したのは、生涯最大の過ちと潔く後悔したことは有名な話です。当時、宇宙の大きさは不変と考えられていたので、アインシュタインはそうなるように意図的に方程式に宇宙項を加えて調整したのです。また最近ではネットのプログラムでも動的、静的の表現が出てきます。

化学反応には動的平衡なる用語があります。これはA + B ⇄ Cの反応でCができる速度とCがAとBに分解する速度が同じで全体としてそれぞれの濃度が一定になっている状態を表しています。

最近の高分子の研究では動的共有結合なる用語が見受けられます。これは結合が切れたり再度結合したりする反応を表わしていて、高分子材料の自己修復現象のキーワードです。本書ではレオロジー測定を扱っていますから、ここでいう動的はサンプルに与える変形が行ったり来たりです。

レオロジー測定での静的な測定と動的な測定の具体例を見ていきましょう。静的な変形を与える方法は、一方向に引っ張る、押すまたは捩じる（回転させる）です。試験には、引張り試験、押出し試験や回転式粘度測定があります。引張り試験は試料をクランプに挟んで引張り、試料を伸長させながら応力を測定します。この試験では初期の変形と応力の関係が直線で現れる部分（線形領域）から弾性率またはヤング率が、試料が切れたところで破断伸びなどの物性値が求められます。これを一軸伸長と呼びます。

一軸があれば二軸もあります。板状やフィルム状の試料を直交する二方向から引張る試験と、円盤状試料を押しつぶす方法です。円盤状試料を押しつぶすと中心からすべての半径方向に伸びていき、これはそれぞれ二方向に引張られたのと等価なことから等二軸伸長と呼ばれます。

押出し試験では、水鉄砲のように、筒にサンプルを入れ加熱して柔らかくなった溶融状態サンプルを穴から押出します。押し出された重量を測定したメルトインデックス（MI）またはメルトフローレイト（MFR）や、流れだす時のピストンの速度と力から溶融粘度を測定するキャピラリーレオメーター試験があります。

回転式粘度測定は液体に浸かったローターを一方向に回転させ力を測り粘度を算出します。これにはB型粘度計やゴム分野で使われるムーニー粘度計があります。

動的粘弾性の測定ではサンプルを上下の治具（ダイ、英語でDieであって日本語の台ではない。上下にあるのでダイスと言う方もいます）で挟み、下

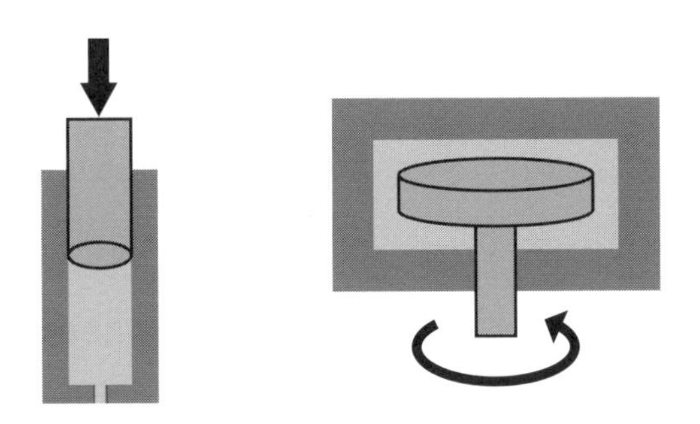

図3-1　静的な変形　左はキャピラリー、右はムーニー粘度計の概略図
試料へ与える変形は一方向です。

のダイが周期的に時計方向・反時計方向に振動してサンプルをねじり、上のダイで力（トルク）を測定する装置があります。一般に動的粘弾性装置（DMA：Dynamic Mechanical Analyzer）と呼ばれ、ゴムやコンパウンドの分野では特別にRPA（Rubber Process Analyzer）と呼ばれる装置があります。

また固体でフィルム状のサンプルを測るレオメーターもあります。フィルムをチャックに挟んで上部の駆動部で上下に引張りながら振動させて下部のロードセルでトルクを測ります。引張試験の応用で、装置に一般的な名前は与えられていません。

動的な変形を与える装置のモータは一方向に一定速度でクルクルと回っています。モータに部品を巧みに取付けて上下、左右または時計-反時計方向への一定周期の振動変形を与えるのです。だから周期的な、サイン波的な運動をします。

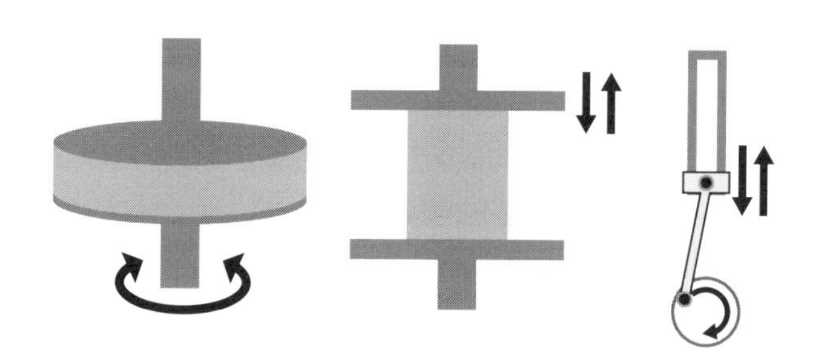

図3-2　動的な変形

右図のように一定速度で回転するモーターを巧みに周期的な左右または上下運動に変換する。

3-02 測定原理（2）サイン波的な周期変動をする動的変化

周期的な変形を与えるダイの動きを確認しましょう。

図3-3に示すように円盤状のダイが中心の黒丸●を始点に右端の◍まで行き、そこから戻って●を通って左端の⊜まで行く往復運動を想像して下さい。その運動の制御は前項で示したように、等速円運動を周期的な往復運動に変えています。

変位を考える便宜上、始点を0とし、それより右をプラス、左をマイナスとしましょう。ダイにつけた黒丸の位置は時間とともに右（プラス）方向にいったり、左（マイナス）方向にいったりします。当然ですが両端が中心点よりもっとも遠く離れていますね。これを図3-4に示します。この形は高校時代に学んだサインカーブです。

次にその回転速度を想像してみましょう。ここでも便宜上、右方向へ進むスピードをプラス、左方向へ進むスピードをマイナスとします。両端では進む方向がかわるため速度は0になります。そしてそこから加速してゆき、中心点で速度の大きさの絶対値は最高になり、そして減速してゆきます。この振る舞いをグラフ化すると図3-5になります（止まっているところから始めるから最初は0になるなんてツッコミはなしですよ）。この形はコサインカーブですね。

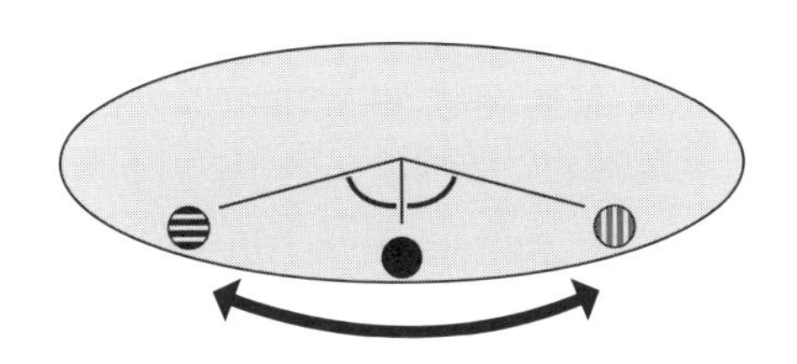

図3-3　ダイの動き：両端の◍と⊜の間を往復運動する

中学校では「速度＝移動距離／移動時間」と学びました。横軸に時間、縦軸に距離のグラフを書くと、その傾きが速度になります。ここで高校数学で習った微分の定義式を思い出してください。詳細は省きますが、下のようでしたね。

$$\lim_{\Delta t \to 0} \frac{f(t+\Delta t)-f(t)}{(t+\Delta t)-t}$$

時刻 t での位置を関数 f で表すとすれば、なんてことはない、微分の定義式は傾きを表しているのがわかります。lim（リミット）なんじゃらかんじゃらと言わずにある点でのグラフの傾きだと教えてくれれば理解は早まったのではないかと今にして思います。

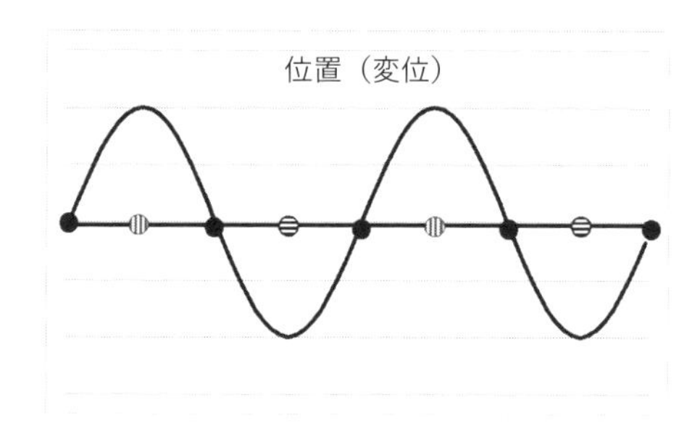

図3-4　ダイの変位の時間変化の様子

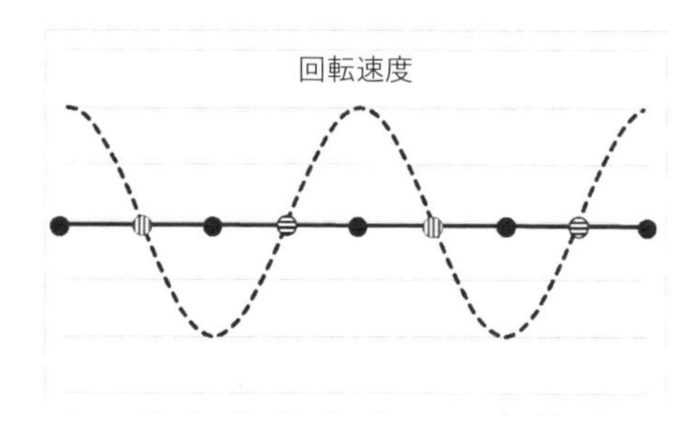

図3-5　ダイの回転速度の時間変化

さて、図3-4で表した変位（位置）を表すサインカーブを考えます。図3-4の中心を通る点●で傾きは最大になっていますね。そして両端の◍と⊜で傾きは0です。図3-5を見てください。まさにそのようになっているのを確認してください。つまり、サインカーブの傾き（微分）はコサインカーブなのです。

レオロジーに戻ります。周期的は変位をするひずみがサイン波で表されるならば、その時間微分のひずみ速度はコサイン波で表わすに違いありません。

3-03 バネとダッシュポットへの正弦ひずみと応力

動的測定をすることはサンプルに動的な変化すなわち周期的な往復変化を与えることです。単純な周期的変化はサイン波またはコサイン波で表されます。この項では バネとダッシュポットのそれぞれに正弦（サイン）的な変化を与えた時の様子を記します。正弦的な変形を与えるために、モータと部品をうまく接続します（図3-6）。ここでは変形を上下にしていますが、試料を円板に挟んで時計・反時計方向へ変形させる場合も同様です。モータが一定速度で回転すると、バネもダッシュポットもそれらが上下に移動する速

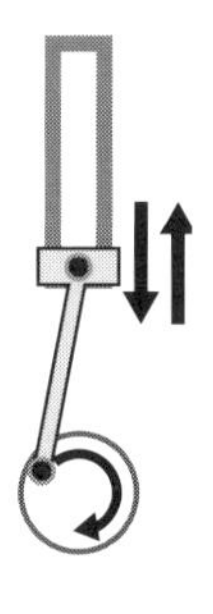

図3-6　等速回転（下）を周期的振動（上）に

度と位置は正弦的に変化します。

弾性を表すバネは伸び縮みした分だけ力を生じ、変化の速度には関係ありません（図3-7）。ところが粘性を表すダッシュポットでは変形の速度が大きいと大きな力を生じます。水中エクササイズを思ってください。水中で速く移動すると水の抵抗を大きく、ゆっくりだと抵抗を小さく感じますね。ダッシュポットも同様です。さて、変形速度が一番小さいところはどこで

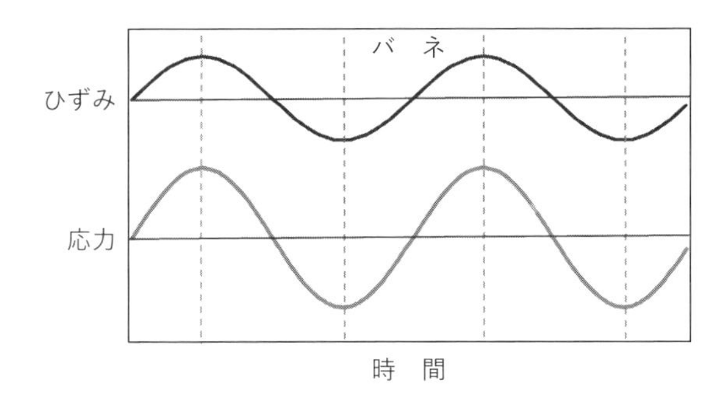

図3-7　バネに正弦変形を与えた時の変形（ひずみ）と応力の関係

応力はひずみに同調し位相が同じです。

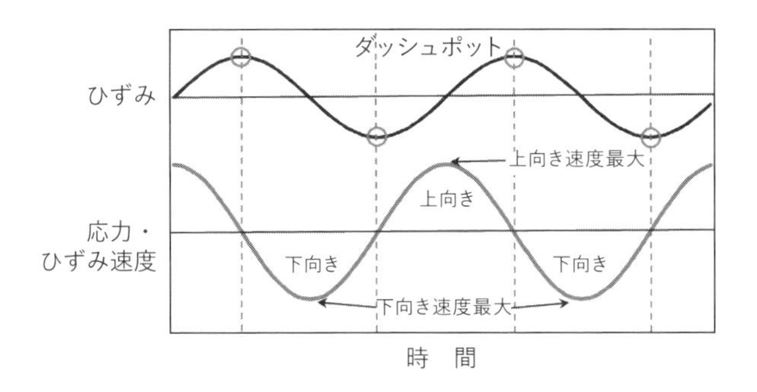

図3-8　ダッシュポットに正弦変形を与えた時の変形（ひずみ）と応力とひずみ速度の関係

○で変形（ひずみ）の方向が変わるため、速度は0になる。ひずみは正弦波であるのに対して応力とはひずみ速度は余弦波で反応している。すなわち位相が90°（$= \pi/2$）異なります。

しょうか？そうです、それは変化の向きが変わるところ、上下移動の場合は両端の一番上と一番下で、変化は一瞬止まります。変形速度が一番大きいところはどこでしょうか？それは変化の真ん中です。ここで応力（の絶対値）は最大になります。これらをグラフにしたのが図3-8です。ただし向き（便宜上、上向きを正としている）があることに注意してください。

皆さんはもうお気づきでしょうがあえて書き記します。ダッシュポットの変形をサインカーブで表しました。すると応力と変形速度はコサインカーブになっています。応力と変形速度は正比例します。サインを微分するとコサインになるのでしたね。変形（歪み）をγで表すと、その微分形は$\dot{\gamma}$です。応力はσで表します。上述より$\sigma \propto \dot{\gamma}$で、粘性体ではその比例定数（粘性係数）を$\eta$で表します。まとめると$\sigma = \eta\dot{\gamma}$になります。この式は本書に何度も現れます。

前項と重複しますが、微分はカーブの傾きを表します。それを図3-8を見ながら確認してみましょう。サインカーブ（ひずみ）の頂点では横軸に対して傾きがありません。すなわち傾き＝0です。そこに対応するコサインカーブでは確かに0です。それからだんだん傾きが大きくなり（向きの違いはありますが）サインカーブの中心を通るとき傾きが最大になります。この傾きの変化に対応してコインカーブの値が刻々と変わっていくのです。

COLUMN⑨

ロバート・フックとアイザック・ニュートン

ゴムやプラスチックが粘弾性体と呼ばれ、粘性と弾性の性質をあわせ持つことを取り上げてきました。そのモデルがダッシュポットとバネであり、並列に繋いだフォークトモデル（フォークト要素）、直列に繋いだマックスウェルモデル（マックスウェル要素）を紹介しました。要素という場合はこれらを基本として多数個並べることが意識されているからです。名前にあるフォークト（1850-1919）はドイツの、マックスウェル（1831-1879）は英国の研究者であることは前に触れました。

このモデルに使われるバネにはフックの法則が、ダッシュポットにはニュートンの法則があります。このフックとニュートンも人名で、17世紀半ばイギリスのピューリタン革命と名誉革命で市民階級が勃興してきた時代の英国の科学者です。ニュートン（1642-1727）は特に有名で、リンゴと万有引力はよく知られているエピソードです。

フック（1635-1703）はオックスフォード大学で学び、ボイルの法則「気体の体積は圧力と反比例する」のボイルの助手としてポンプの作製にかかわり頭角を現します。この時にバネの法則に気づいたと言われています。1660年に設立された王立協会で、翌年その実験監督者に選任されます。

また、レーウェンフックの顕微鏡をつかった観察記録をラテン語に翻訳しレーウェンフック全集としてまとめ、彼を王立協会会員に迎えます。自らも顕微鏡をのぞき、コルクを観察し、その構造をセル（cell、細胞）と名付けました。さらに蚤、シラミ、針の先端などの顕微鏡観察スケッチを出版し（1665年）好評を得ました。当時のベストセラーだったそうです。

さらには建築家として1666年のロンドン大火災の復興にC.レンの助手として尽力し名を挙げます。興味ある方は中島秀人著「ロバート・フック-ニュートンに消された男（朝日選書）」または「ロバート・フック（朝倉書店）」をお読みください。まったく同じ内容ですが後者は学位論文を出版しています。

どぎついタイトル「ニュートンに消された男」です。この二人は相性が悪かったそうです。

フックはオックスフォード大学出の実験家で社交的、多才な業績で市民に知られた有名人。ニュートンはケンブリッジ大学出で新進の理論家で閉鎖的。フックはニュートンが初めて王立協会で発表した光の理論に対して自分が先にやったことで目新しくないと酷評します。その後も衝突はありますが、フックが先に世を去ります。

1703年ニュートンは王立協会の会長になり、1710年に協会の移転を行っています。当時の偉人は肖像画を残します。著名なフックもそれに漏れることはなかったでしょう。しかし無いのです、フックの肖像画が。何度か行なわれた協会移転の際に、ニュートンがフックの業績を執拗に葬り去り（フックの論文もこの時期に消失している）、肖像画も破棄したとされています。ニュートンの執拗な性格は例えば「ニュートンと贋金づくり（T.レヴェンソン著　白揚社）」でも発揮されています。

3-04 波の性質と波形の分離

残念ながら、レオロジーをやるうえでサイン・コサインは避けて通れません。動的な変形とはサインカーブ（またはコサインカーブ）で表される周期的な刺激を与えることです。そのような形状をサイン波、コサイン波などと言ったりします。

そこで、波を考えます。古池や蛙飛び込む水の音。蛙が二匹、離れた所から池に飛び込み、できた波が広がっていく様子を思い浮かべてください。話を簡単にするため一匹が作る波は一つとしましょう。皆さんはどんな風に二つの波を思い浮かべるのでしょうか。大きい波と小さな波、同じ大きさの波、速い波と遅い波。正面衝突する波、追いつき追い越される波。いずれにしろその進んでいく波はぶつかります。ぶつかった波はどうなるのでしょうか。重なり合って、形が変わった一つの波になります。そして、また元の二つの波に分かれて進んでいきます。

重要なのはここです。二つの波が一つの波になり、さらに元の二つの波に分かれるということです。逆に考えると一つの波は二つの波が重なっていて、その二つに分けられるかもしれません。ナポレオン時代のフランスの数学者フーリエ（1768-1830）は、複数の波が出会ったとき、その波の振幅は複数の波で表されることを表しました。これがフーリエ解析といわれるものです。

話をレオロジーに戻します。動的な測定ではサンプルに行ったり来たりのサイン波のように周期的変形を与えます。すると測定される応力も周期的な応答をします。変形と応力の周期は同じです。ところが、粘弾性体では応答波形に位相に時間的なズレが生じるのです。位相とは周期的に変動する波が一周期のなかのどの位置にあるのかを表す量です。サイン波 $\sin(\theta)$ の位相は角度 θ です。

言葉だけで説明するのは難しいので図を見てください。図3-9にサイン波で

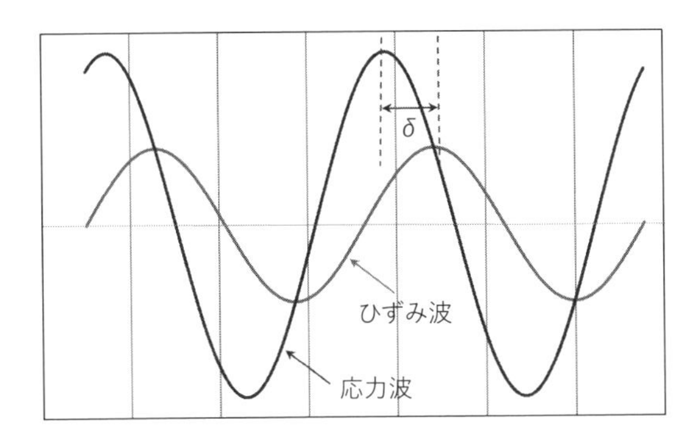

図3-9　ひずみ波と応力波の挙動：縦軸は任意の大きさ
応力波はひずみ波と位相がδずれている。

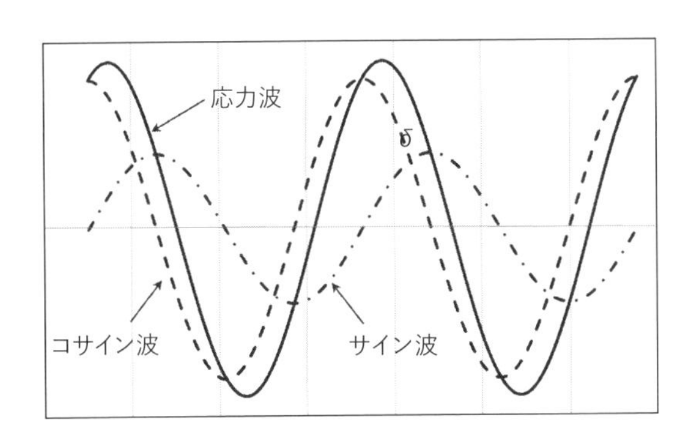

図3-10　応力波をサイン波とコサイン波に分離する
サイン波は図3-9のひずみ波と同じ位相。

表したひずみ波と位相がδ（デルタ）ずれて応答した応力波を描いています。

次にこの応力の波（実線）を二つの波（サイン波とコサイン波）に分解します（図3-10）。プラスとマイナスに気をつけながら、このサイン曲線とコサイン曲線の値を足したら応力曲線の値になることを確認してください。当然ながら分離したサイン波は図3-9にある与えた変形（ひずみ）と同位相です。一方のコサイン波の周期は同じですが位相は90度（$=\pi/2$）違います。

さてここで、応力の波をスター（*）と呼び、分解したサイン波のほうをプライム（'）、他方をダブルプライム（"）と呼ぶことにしましょう。レオロジーの測定結果でよく聞くこれらの言葉は応力波をサインとコサインで表される二つの波に分解されることに起因しているのです。

3-05 マックスウェルモデルでの応力波の分離

第3-03項ではバネとダッシュポットそれぞれに正弦的な変化を与えた時の応力（とひずみ速度）の様子を記しました。正弦的なひずみ（$\sin\theta$）に対して、バネの応力は正弦的（$\sin\theta$）に同調し、ダッシュポットでは余弦的（$\cos\theta$）に応答するのでしたね。$\cos\theta = \sin(\theta+\pi/2)$ですので、ダッシュポットの応答はひずみの位相$\theta$と$\pi/2$ずれています。すでに記したように純粋な弾性体（バネ）と粘性体（ダッシュポット）の挙動はこのような関係にあります。

第3-04項では粘弾性体の応力波は与えたひずみ波と位相がズレること、そして応力波はsin波とcos波に分離できることを記しました。

賢明な読者はピンときているはずです、応力波を分離したsin波とcos波が弾性項と粘性項に対応するだろうってことに。まさにその通りです。ただし、その説明をする前にこの項では二つの例を示し、一つの波をsin波とcos波に分離し、それぞれの寄与の程度を見ましょう。

フォークトモデルは瞬時の応答ができないため、ここではマックスウェルモデルに正弦的なひずみ（一定振幅のsin波）を与えることをイメージしましょう。周期は2πです。応力波はひずみのsin波と位相に差があり、この位相差はたいていδで表示されます。バネの弾性項とダッシュポットの粘性項がひずみの大きさに寄与する程度を変えた図を示します。ここでは寄与程度を3：1（図3-11）と1：3（図3-12）としました。応力は弾性と粘性の寄与の大きさによって変わります。すなわちゴムやプラスチックは温度が高く

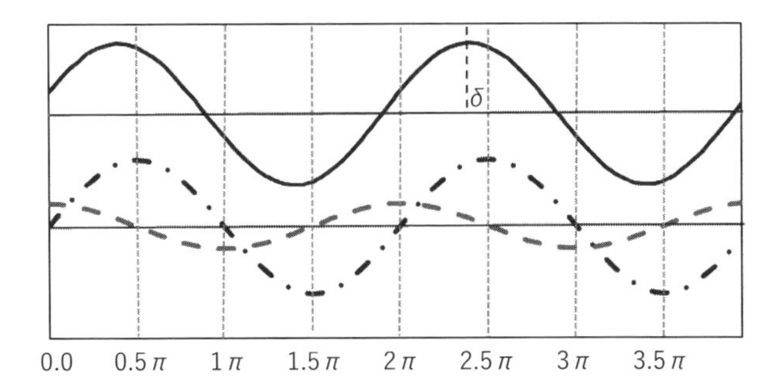

図3-11　応力波（実線）をsin波（一点破線）とcos波（破線）に分離するイメージ

sin波はバネ（弾性項）にcos波はダッシュポット（粘性項）に対応する。
弾性と粘性の寄与は３：１。すなわちsin波の振幅が３、cos波は１。

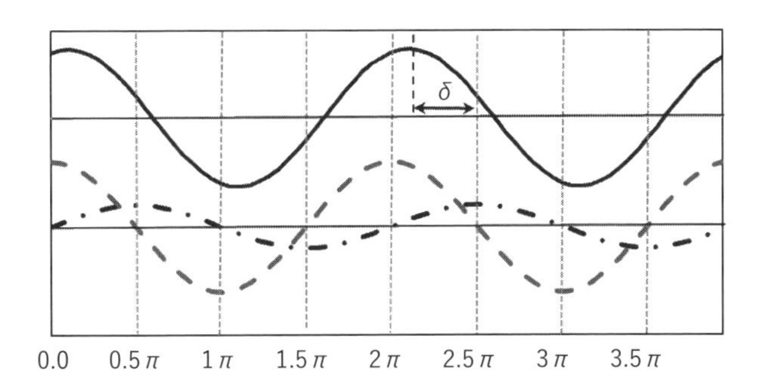

図3-12　応力波（実線）をsin波（一点破線）とcos波（破線）に分離する

弾性と粘性の寄与は１：３。すなわちsin波の振幅が１、cos波は３。

なれば軟らかくなり粘度が下がり、全体として粘性要素の寄与が大きくなることに対応します。ただし、ここでは弾性係数（G）も粘性係数（η）も決めていないのでそれぞれの応力の大きさを表すことができません。したがって図はあくまでも概念図です。

ところでsin波とcos波の位相が$\pi/2$ずれていることが三角関数の計算を

とっても楽にしてくれます。だって$\cos(\pi/2)=0$で、$\sin(\pi/2)=1$なのですよ。 位相差δの算出も容易です。図3-11では$\delta=0.102\pi$、図3-12では0.398πです。

この解析で使われる公式は下のようですが（αをδにするとよい)、その証明は数学の本を参考してください。

$$A\sin\theta + B\cos\theta = \sqrt{A^2+B^2}\sin(\theta+\alpha)$$
$$\tan\alpha = \frac{B}{A}$$

3-06 周期的なひずみとトルク

動的粘弾性の測定はサンプルの一端で捩じって他端で力（トルク）を測定します。動的変化は三角関数で表される周期的な往復運動ですから複素○○という表現が使われます。これは三角関数が複素数と密接に関係しているからです。その関係は後述する「オイラーの式」を参照してください。

第3-04項「波の性質と波形の分離」で、与えた周期的なひずみに対して検出される応力の周期はひずみと同じながら位相差があること、その応力の波形をcosとsinに分離できることを記しました。上述のように、実際に検

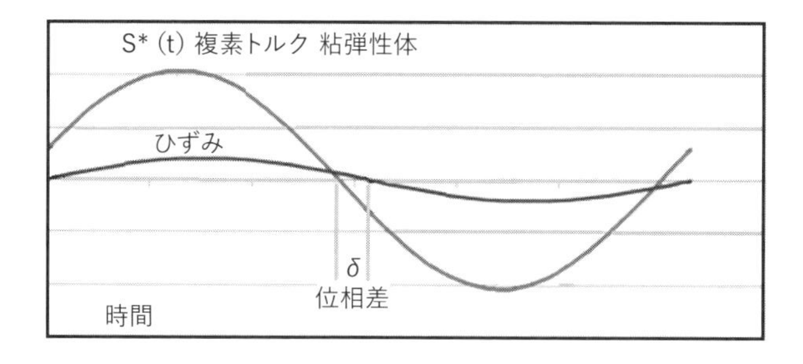

図3-13　周期的なひずみを与え、周期的なトルクを検出する

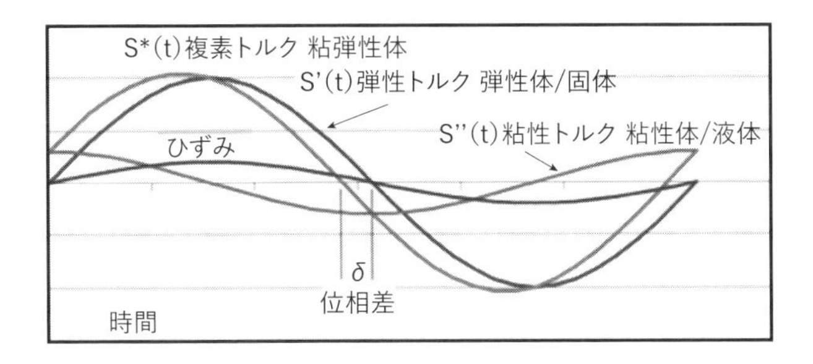

図3-14　S*カーブをS'カーブとS"カーブに分離する

出されるのはトルク（複素トルクS^*）ですから、図3-14のようにS^*波形をcos波とsin波に分離しましょう。ひずみと同位相の波形を弾性トルク（S'：Sプライム）と呼び、位相が$\pi/2$（=90°）ずれた波形を粘性トルク（S''：Sダブルプライム）と呼びます。弾性トルクは固体的な反応を、粘性トルクは液体的な反応を表します。

ところで、粘弾性装置を使って解析をするとS'やS''ではなくG'やG''という記号をよく目にします。これはS'をS''を単位面積あたりに換算した結果です。トルクから弾性率にする（$S^* \rightarrow G^*$）には装置に適した定数kを掛けるだけです、すなわち$S^* = \mathrm{k}G^*$です。基本的な装置の定数はレオロジーのテキストに記載されていますのでそれらを参照してください。

3-07　貯蔵弾性率G'と損失弾性率G"

動的粘弾性測定の解析ではG'（Gプライム）やG''（Gダブルプライム）という記号が使われます。Gを使うのはずりひずみを与えるからで、引張って伸長ひずみを与えるときはEを使います。本項はプライムとダブルプライムの出処を探ります。もちろん今まで書いてきたように周期的な応力曲線をサイン波とコサイン波に分離するのですが、格好つけて数学でやってみます。

与える周期的なひずみの最大ひずみをγ_0、角速度（角振動数や角周波数とも呼ぶ）をωとします。式で表すと下のようになります。時間$t=0$でひずみを最大（γ_0）にするためにcos形にしています。

$$\gamma(t) = \gamma_0 \cos(\omega t) \qquad (1)$$

$\cos(\omega t)$は-1～1の間の値を取りますから、ひずみγは$-\gamma_0$からγ_0の間にあります。ここでのプラスとマイナスは動いている向きを表しており、プラスは時計回り、マイナスは反時計回りって具合です。検出される応力とひずみの位相差をδで、最大応力をσ_0として式で表すと次式になります。

$$\sigma(t) = \sigma_0 \cos(\omega t + \delta) \qquad (2)$$

応力もこの式で表すとプラスとマイナスの値になりますが、これも方向を表しています。マイナスの力って何？と考えないでください。

ここで$\cos(\omega t+\delta)$を昔習った加法定理を使って括弧の中の＋を除きます。

$$\sigma(t) = \sigma_0(\cos\delta\ \cos\omega t - \sin\delta\ \sin\omega t) \qquad (3)$$

さらに時間に依存せずに定数になる項をそれぞれ$\sigma_0 \cos\delta = \sigma_1$、$\sigma_0 \sin\delta = \sigma_2$と置き換え、係数にすると下のようになります。

$$\sigma(t) = \sigma_1 \cos\omega t - \sigma_2 \sin\omega t \qquad (4)$$

二つの項がωtだけのcosとsinで表され見た目がすっきりします。Cosとsinはバネとダッシュポット、つまり弾性と粘性の関係に対応しそうだと気づいてください。注意してほしいのはひずみと同じ位相で表現されるのがバネつまり弾性項になるわけです。本項ではひずみを$\cos(\omega t)$としているので、（4）式の$\sigma_1 \cos\omega t$が弾性項になります。

応力をひずみで割ったものは弾性率と呼ばれます。そこでσ_1とσ_2をγ_0で除し、次式のように定義します。

$$G'(\omega) = \sigma_1(\omega) / \gamma_0、G''(\omega) = \sigma_2(\omega) / \gamma_0 \qquad (5)$$

ついにG'とG''が現れましたね。G'とG''は角速度ωが変わらなければ一定値になります。試験によってはωを変化させることがあるので、ωに依存するつまりその関数であることを表すために（ω）が付けられています。これについては第3-09項のG'とG''の周波数依存性の項で取り上げます。ここで、与えたひずみcos（ωt）と同じcos側の係数G'を貯蔵弾性率、一方sin側の係数G''を損失弾性率と呼びます。

ところで、何を貯蔵し損失するのでしょうか？それはエネルギーです。バネが伸ばしても元に戻るのは、伸ばすときに貰ったエネルギーを貯えており、縮むときにそのエネルギーをそのまま放出するからです。一方、ダッシュポットは伸ばされると元には戻りません。貰ったエネルギーを変形に、ミクロ的には分子の位置を変えるために使ってしまった、つまりエネルギーを失ってしまったのです。分子の位置が変わったということは分子が流れだし、その場所にはエネルギーを使って他の分子が流れてやってきたということです。すなわち流体です。分子といったミクロの世界ではなく、日常生活で目に見える世界ではニュートンより500年も昔この現象に気づいている日本人がいました、「川の流れは絶えずしてしかももとの水にあらず」と。

COLUMN ⑩

三角関数の加法定理と回転行列

恥ずかしながら著者は記憶力が悪く、高校で三角関数の加法定理を習ったときにこれをまったく覚えられませんでした。教科書や参考書にある証明もわからないことはないですがとても面倒です。同級生は「コスコス、サインサイン」などとすらすらと出てきます。あるとき矢野健太郎著「モノグラフ・公式集（科学新興社）」を立ち読みしていて、回転行列で加法定理を説明したところに出会いました。回転行列を2回行えばいいのです。これなら簡単に著者でも覚えられますし、今でも覚えています。

ある点を角度A回転させる回転行列は下のようです。

$$\begin{pmatrix} \cos A & -\sin A \\ \sin A & \cos A \end{pmatrix} \tag{1}$$

角度A+Bを回転させるには、下図に示すように、角度A回転させて続けて角度B回転させれば良いわけです。

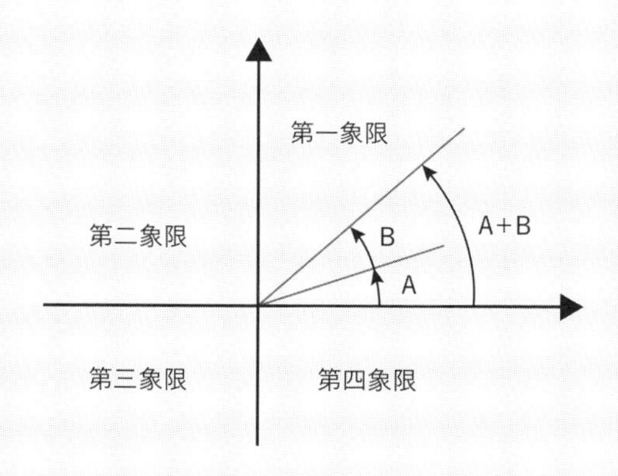

回転のイメージとグラフの四つの領域の名称

ちなみに回転は図に示したように角が増える方向に反時計回りに書きます。座標平面は四つの象限に分けられます。

回転行列では下のように二つのAとBの回転行列を掛け合わせればいいのです。それはA+Bの回転行列と同じになるのは図からも明らかですね。

$$\begin{pmatrix} \cos A & -\sin A \\ \sin A & \cos A \end{pmatrix} \begin{pmatrix} \cos B & -\sin B \\ \sin B & \cos B \end{pmatrix} \tag{2}$$

$$\begin{pmatrix} \cos A \cos B - \sin A \sin B & -(\cos A \sin B + \sin A \cos B) \\ \sin A \cos B - \cos A \sin B & -\sin A \sin B + \cos A \cos B \end{pmatrix} \tag{3}$$

$$\begin{pmatrix} \cos(A+B) & -\sin(A+B) \\ \sin(A+B) & \cos(A+B) \end{pmatrix} \tag{4}$$

（3）式と（4）式の関係が加法定理です。

ところで数学達者な方は図と回転行列の掛け合わせ順が違うのに気付いているはずです。わかりますか？

計算だけ見ると正しいです。しかし、ある点を行列で変換するには右側から行っていくルールがあるため、図に対応させるには（2）式の回転行列はA、Bの順番が逆なのです。つまり先に演算をする右側の行列がAでなくてはなりません。この背景には行列の積には交換法則が必ずしも成立しないことがあります。

その一例が下です。

$$\begin{pmatrix} 1 & 0 \\ 1 & 1 \end{pmatrix} \begin{pmatrix} 1 & 1 \\ 0 & 1 \end{pmatrix} \neq \begin{pmatrix} 1 & 1 \\ 0 & 1 \end{pmatrix} \begin{pmatrix} 1 & 0 \\ 1 & 1 \end{pmatrix}$$

ところで、本書を執筆中に高校数学の参考書を立ち読みしたところ、今は高校で行列を習わないのですね。大学数学へ先送りされてしまいました。

なお、加法定理はオイラーの公式を使っても証明できます（COLUMN⑪）。

COLUMN⑪

オイラーの公式

本項のキーワードはオイラーの式、複素数、三角関数、回転、複素平面です。これらは貯蔵弾性率G'や損失弾性率G''に関係する複素弾性率G^*にかかわります。理系向けですが、数学の雑学として読めるように書いています。

昔の記憶を呼び起こしてください。虚数単位（i）は2乗すると−1になる架空の、実在しない、すなわち虚数と呼ばれるものでした。英語ではimaginary numberと呼び、平面図（複素平面）を利用するときには縦軸をImと、横軸はRe（実数 Real number）で表します。

まずはAなる数にiを次々と掛けてみましょう。

$$A \rightarrow iA \rightarrow iiA = -A \rightarrow -iA \rightarrow -iiA = A$$

なんと、元のAに戻っています！（数学的には当たり前なのですが…）。

次に1+iに同じようにiを次々と掛けてみます。

$$1+i \rightarrow i-1 \rightarrow -1-i \rightarrow -i+1 \rightarrow 1+i$$

これも元に戻りますね。これを複素平面に書くと下図のようになります。

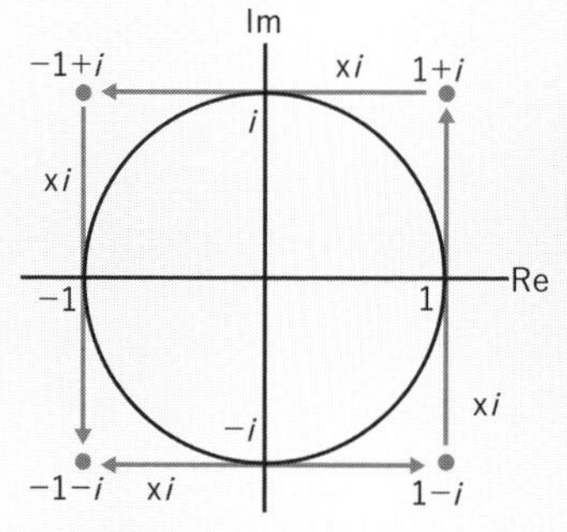

複素平面上で1＋iにiを掛けていく様子（円は大きさが1の単位円）

お気づきのように、虚数の世界ではiを掛けることは90度回転することなのです。

サイン(sin)、コサイン(cos)も単位円をクルクル回ります。角θがどんなに大きくなっても$\sin\theta$と$\cos\theta$は±1のあいだを行ったり来たりするだけです。

大天才にとってこの性質が似ていると考え、結び付けて、数式で表そうとするのは自然の成り行きなのでしょう。その大天才とはレオンハルト・オイラー（1707-1783）で、そしてその数式がオイラーの公式と呼ばれる次式です。

$$e^{i\theta} = \cos\theta + i\sin\theta \quad (1)$$

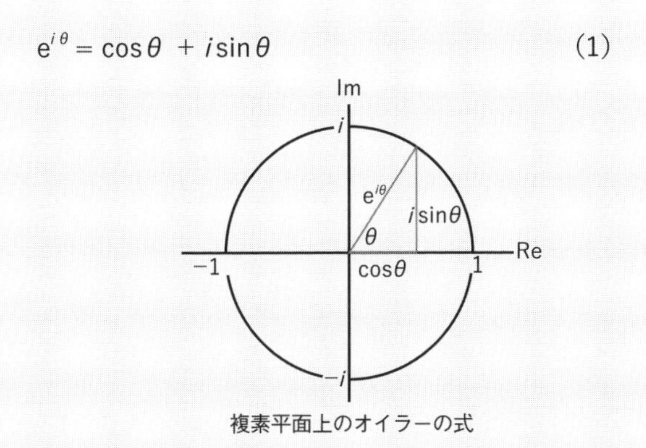

複素平面上のオイラーの式

eは自然対数の底でネイピア数と呼ばれる2.718…の数です。数学の教科書ではこの式の証明が出てきますが、マクローリン展開といった言葉が出てくるうえに行数を取るので、本書の範囲外です。

ここで$e^{i\theta}$の大きさ$|e^{i\theta}|$、つまり$\cos\theta + i\sin\theta$の大きさを求めます。複素数の場合には共役複素数$\cos\theta - i\sin\theta$を掛けるのでした。

$$(\cos\theta + i\sin\theta) \times (\cos\theta - i\sin\theta) = 1$$

したがって、$|e^{i\theta}| = 1$です。θの値に関わらず1なのです。したがって上図は単位円なのです。$e^0 = 1$なのですが、決して$i\theta = 0$ではありません。不思議です。

$\theta=\pi$を上式にいれると、図からもわかるように$e^{i\pi} = -1$ です。これはオイラーの式と呼ばれています。eとiとπが繋がるなんて、とっても不思議です。

正弦的な歪みを与える表現として$\gamma(t) = \gamma_0\cos(\omega t)$を使いました。これをオイラーの式を使って $\gamma_0 e^{i\omega t}$と表すこともできます。どちらかというとひずみよりも応力で$\sigma_0 e^{i\omega t}$と使うことが多いようです。なぜこうするのかというと計算（微分することが多い）が簡単になるからです。

COLUMN⑥と同じように高校数学の参考書を立ち読みしていたら、今の高校では、基本のオイラーの公式（1）はやらずに下記のド・モアブルの定理を教えるそうです。

$$(\cos\theta + i\sin\theta)^n = \cos(n\theta) + i\sin(n\theta) \qquad (2)$$

さて、COLUMN⑩で触れたように、オイラーの公式（1）を使って加法定理を証明しましょう。（1）式のθを次の二つのように書き換えます。和と差をまとめて行います。

$$e^{iA} = \cos A + i\sin A\ ;\ e^{\pm iB} = \cos B \pm i\sin B$$

この両者の積をとります。

$$\begin{aligned} e^{iA} \times e^{\pm iB} = e^{i(A \pm B)} &= (\cos A + i\sin A) \times (\cos B \pm i\sin B) \\ &= \cos A\cos B \mp \sin A\sin B + i(\sin A\cos B \pm \cos A\sin B) \end{aligned}$$

またオイラーの式でθを直接$A \pm B$に書き換えます。

$$e^{i(A \pm B)} = \cos(A \pm B) + i\sin(A \pm B)$$

実数部と虚数部がそれぞれ等しいとすると加法定理になりますね。

とっても面白いと思うのですが、残念ながら著者はこの式を仕事で生かすことはありませんでした。

3-08 複素弾性率G*とG'、G"、tan δの関係

コラム10でオイラーの式$e^{i\theta} = \cos\theta + i\sin\theta$を概説しました。オイラーの式は貯蔵弾性率$G'$や損失弾性率$G''$に関係する複素弾性率$G^*$にかかわります。レオロジー測定ではひずみを波のように正弦的に与えると、得られる応力も位相のずれはあっても正弦的になります。応力は実際に存在しており虚実だとは考えられません。

ところがオイラーの式では虚数単位（i）があります。実測される物性値は複素弾性率G^*の絶対値$|G^*|$で、それが貯蔵弾性率G'と損失弾性率G''に分離されます（実際はトルクが測定され、それが弾性率に変換されます）。PC付きの装置ではクリック一つでG^*やG'、G''を選択表示することができます。この3つの関係は数式で表すと次のようです。

$$G^* = G' + i\,G''$$

本項はこの式の出処を探ります。数式と記号が多くなりますが了承ください。

正弦的な変化をするひずみを三角関数で$\gamma_0\cos(\omega t)$と記します。正弦的と書きながら余弦（cos）を使っています。これは$t=0$でひずみをγ_0にしたいからです。ωはダイが回転する角周波数です。これを複素表記にして$\gamma_0 e^{i\omega t}$と表すことができます。この複素表記にはcosとsinが隠れています。すなわち$\gamma_0 e^{i\omega t} = \gamma_0(\cos\omega t + i\sin\omega t)$です。実部が実際のダイの動きです。

これまでも記してきたように、プラスチックやゴムは粘弾性体と呼ばれ、弾性的性質と粘性的性質を併せ持つ物質です。ひずみがcos関数で与えられるならば、応力はバネで表される純弾性体では位相が同じcosで、一方ダッシュポットの純粘性体では90度ずれたsinで現れるのでしたね。その両者の性質を持つ粘弾性体はcosとsinと、ひずみと応力の位相のずれδを含む関数で表されます。オイラーの式で表した上式には弾性成分と粘性成分を暗示するかのようにcosとsinが含まれています。

そこで、ひずみも応力も複素表記にします。また指数表記$e^{i\omega t}$を$\exp(i\omega t)$にします。

$$\gamma^*(t)=\gamma_0\exp(i\omega t)$$
$$\sigma^*(t)=\sigma_0\exp[i(\omega t+\delta)]=\sigma_0\exp(i\omega t+i\delta)=\sigma_0\exp(i\omega t)\exp(i\delta)$$

ここで弾性率も複素表記にして、複素弾性率$G^*(\omega)$を下のように定義します。

$$\sigma^*(t)=G^*(\omega)\gamma^*(t)$$

上式の$G^*(\omega)$は以下のように変換されていきます。

$$\begin{aligned}
G^*(\omega)&=\sigma^*(t)/\gamma^*(t)\\
&=\sigma_0\exp(i\omega t)\exp(i\delta)/\gamma_0\exp(i\omega t)\\
&=(\sigma_0/\gamma_0)\exp(i\delta)\\
&=(\sigma_0/\gamma_0)(\cos\delta+i\sin\delta)\\
&=(\sigma_0/\gamma_0)\cos\delta+i(\sigma_0/\gamma_0)\sin\delta
\end{aligned}$$

前項で$\sigma_1=\sigma_0\cos\delta$、$\sigma_2=\sigma_0\sin\delta$と置き換え、$G'(\omega)=\sigma_1(\omega)/\gamma_0$、$G''(\omega)=\sigma_2(\omega)/\gamma_0$と定義しました。これらを上の式に入れると次式になり、本項の目的達成です。

$$G^*(\omega)=G'(\omega)+iG''(\omega)$$

ここで$\tan\delta$について記します。ご承知の通り$\tan\delta=\sin\delta/\cos\delta$です。上述の$\sigma_1$と$\sigma_2$の換算式と$G'(\omega)$と$G''(\omega)$の定義式から係数が消えて次式を得ます。

$$\tan\delta = G''(\omega) / G'(\omega)$$

すなわちtanδは粘性的性質/弾性的性質です。温度を上げてゆきtanδ値が1よりも大きくなると粘性的性質が強くなり物質が流れやすい状態になります。またゴムを強化するため加硫（架橋）という工程がありますが、加硫が進むと弾性的性質が強くなりtanδ値は1よりもずっと小さくなります。

G' とG"の周波数依存性（1）　片対数グラフ ～マックスウェルモデルでの複素弾性率G*、G'、G"～

マックスウェルモデルに周期的な刺激・ひずみを与えるとどうなるでしょうか？レオロジーのテキストには必ず図3-15に示したような図が載っています。G' と G'' の周波数依存性です。横軸の周波数は緩和時間τ（$=\eta/G$）で規格化されています。理論式から描かれる図ですからきれいです。注意したいのはスケールが片対数であることと、G''がピークをなすことです。

この項ではG' と G''の周波数依存性を導出します。

マックスウェルモデルの基本法的式は次のようでした。

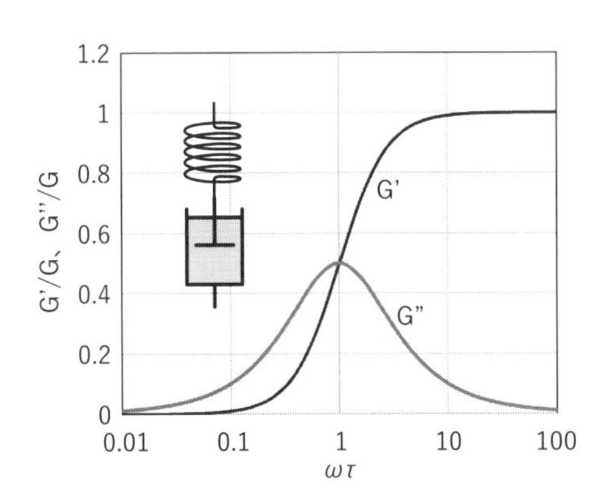

図3-15　マックスウェルモデルでのG'とG''の周波数依存性（片対数グラフ）

$$\frac{d}{dt}\gamma = \frac{1}{G}\frac{d}{dt}\sigma + \frac{\sigma}{\eta} \qquad (1)$$

オイラーの式を確認したこともあり周期的なひずみγを指数関数でかつ複素表記します。

$$\gamma^* = \gamma_0 \exp(i\omega t) \qquad (2)$$

周期的な刺激と応答だから（1）式を複素関数形式にします。厳めしく書いていますが＊を付けるだけです。

$$\frac{d}{dt}\gamma^* = \frac{1}{G}\frac{d}{dt}\sigma^* + \frac{\sigma^*}{\eta} \qquad (3)$$

そして（2）を（3）に代入して解きます。レオロジーのテキストではこれはレオロジーの本質ではなく数学の問題のためすぐに解（式11）が出ています。しかし本書は読み進められるようにしていますので野暮ったくも計算途中を愚直に記します。目で追いかけてください。

では、（2）を（3）に代入します。

$$\frac{d}{dt}\gamma_0 \exp(i\omega t) = \frac{1}{G}\frac{d}{dt}\sigma^* + \frac{\sigma^*}{\eta} \qquad (4)$$

Gを両辺に掛ける

$$G\frac{d}{dt}\gamma_0 \exp(i\omega t) = \frac{d}{dt}\sigma^* + G\frac{\sigma^*}{\eta} \qquad (4')$$

緩和時間 $\tau = \frac{\eta}{G}$

$$G\frac{d}{dt}\gamma_0 exp(i\omega t) = \frac{d}{dt}\sigma^* + \frac{\sigma^*}{\tau} \qquad (4'')$$

右辺は原始関数σ^*と一回微分した$\frac{d}{dt}\sigma^*$とから成る一階線形微分方程式になっています。こういう時σ^*は三角関数か指数関数と相場は決まっています。そこで次の（5）のように仮定して計算を進めます。今欲しいのはσ^*の方程式です。

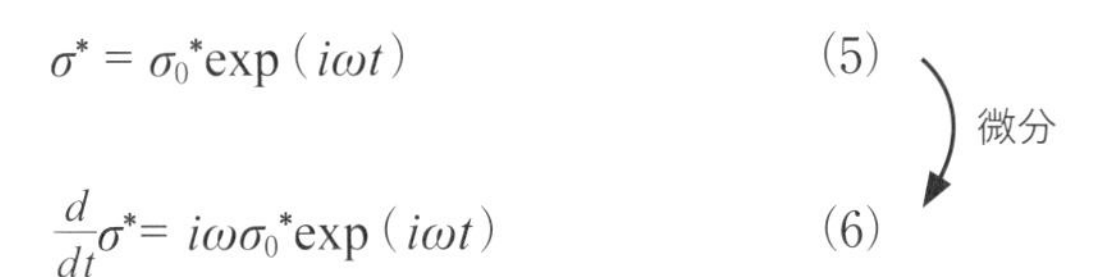

$$\sigma^* = \sigma_0{}^*\exp(i\omega t) \qquad (5)$$

$$\frac{d}{dt}\sigma^* = i\omega\sigma_0{}^*\exp(i\omega t) \qquad (6)$$

(5)、(6) を (4”) に代入する。

$$G\frac{d}{dt}\gamma_0\exp(i\omega t) = i\omega\sigma_0{}^*\exp(i\omega t) + \frac{1}{\tau}\sigma_0{}^*\exp(i\omega t) \qquad (7)$$

左辺微分
右辺整理

$$G i\omega\gamma_0\exp(i\omega t) = \left(i\omega + \frac{1}{\tau}\right)\sigma_0{}^*\exp(i\omega t) \qquad (7')$$

両辺とも exp (iωt) の時間の関数になっています。そこで係数を取り出して等しいとすると $\sigma_0{}^*$ は次のようになります。

$$\sigma_0{}^* = G\frac{i\omega}{\left(i\omega + \frac{1}{\tau}\right)}\gamma_0 \qquad (9)$$

τを右辺分子分母に

$$\sigma_0{}^* = G\frac{i\omega\tau}{(i\omega\tau + 1)}\gamma_0 \qquad (10)$$

これを式 (5) に戻します。

$$\sigma^* = G\frac{i\omega\tau}{(i\omega\tau + 1)}\gamma_0\exp(i\omega t) \qquad (11)$$

σ^* が求まりました。が、本項は G' と G'' の周波数依存性の導出が目的です。応力 σ と弾性率 G とひずみ γ の関係は $\sigma=G\gamma$ ですから、これを複素数表記にします。

$$\sigma^* = G^*\gamma^* \qquad (12)$$

式 (11) の弾性率部分を取り出し、分母から i を無くすようにします。

式（2）を思い出して下さいね。

$$G^* = G\frac{i\omega\tau}{(i\omega\tau+1)} = G\frac{i\omega\tau(-i\omega\tau+1)}{(i\omega\tau+1)(-i\omega\tau+1)} = G\frac{\omega^2\tau^2+i\omega\tau}{1+\omega^2\tau^2} \quad (13)$$

真数部と虚数部に分けます。

真数部と虚数部に

$$G^* = G\frac{\omega^2\tau^2}{1+\omega^2\tau^2} + iG\frac{\omega\tau}{1+\omega^2\tau^2} \quad (14)$$

これをプライム、ダブルプライム表示にします。

$$G^* = G' + iG'' \quad (15)$$

すなわちG'とG"の周波数依存性は下のようです。

$$G' = G\frac{\omega^2\tau^2}{1+\omega^2\tau^2}、\quad G'' = G\frac{\omega\tau}{1+\omega^2\tau^2} \quad (16)$$

この2つをGで割って緩和時間τ（$=\eta/G$）で規格した周波数$\tau\omega$に対してプロットしたのが初めに示した図3-15です。規格化することでG''のピークは横軸の値が1で現れます。これは学問的な書き方です。実用の世界では$\tau\omega$ではなく測定周波数ωにプロットしています。一定温度では緩和時間τは定数なので周波数に対してG'やG''をプロットしても概要は同じです。

多くのレオロジーのテキストには（16）式にΣがついて総和を表す形になっています。なぜだかわかりますよね。そうです、高分子試料に分子量分布があるため厳密には一つの緩和時間τとGで表すことができないからです。

では周波数に対してG''にピークがあるのはどうしてなのでしょうか？考えてみてください。横軸はlogスケールで表した周波数ですから、左側ではモデルに与えるひずみ速度はとても遅く、右側では速くなります。G''を損失弾性率と呼び、それは外から与えたエネルギーを失うことを表わしているとすでに記述しています。モデルを上下に引張りながらバネとダッシュポットの動き、特にダッシュポットが外部から与えられた変化に追随できるかをイメージするとよいです。

3-10 G'とG"の周波数依存性（2） 両対数グラフ

前項ではマックスウェルモデルに周期的なひずみを与えたときに現れるG'とG''の片対数グラフを紹介しました。実際には両対数グラフで表すことが多いですよね。図3-16に示します。前項の図の縦軸を対数スケールにしただけです。

この図で注目するのは低ひずみ側の傾きです。G'の傾きが2で、G''の傾きは1です。時々尋ねられるこの傾きの数字の由来はマックスウェルモデルにあるのです。さて第1-07項「分子量の影響」で示した図1-7を見てください。分子量をそろえた単分散試料では実に素晴らしく理想的な結果になっているのがわかります。

マックスウェルモデルでは緩和時間が一つだけの理想的なもので、実際の

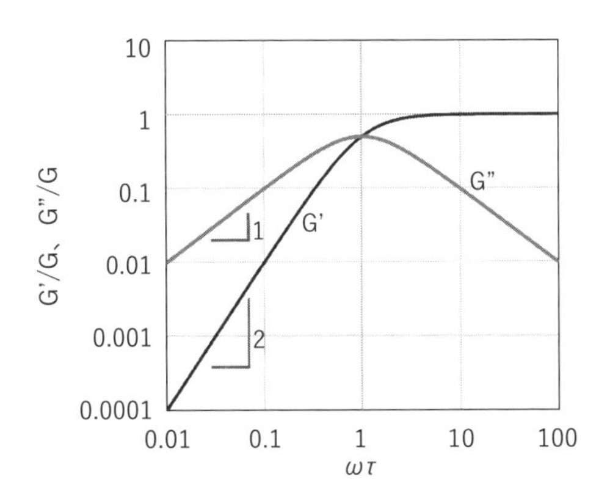

図3-16　マックスウェルモデルでのG'とG''の周波数依存性（両対数グラフ）

高分子試料は分子量分布や枝分かれなど分子構造に多様性があるから、傾きが緩やかだったり、ピーク形状がブロードだったりします。それでも多くのレオロジストは図を見たときに低周波数側の傾きを最初にチェックするようです。裏を返せば、この傾きから試料の情報を得ようと考えているからです。

マックスウェルモデルがあればフォークトモデルに対しての周期的な刺激（この場合は応力）を与える計算もありますが、あまり実用的ではないので本書では割愛します。

3-11 動的粘弾性で使う記号の関連性 ～ちょっとしたまとめ～

動的粘弾性にはギリシャ文字、プライム、ダブルプライム、サイン、コサイン、微分などが出てきます。ここで、これらの関連性を箇条書きで簡単にまとめてみましょう。周期的な変化なので数学的には複素○○との表記がよいのでしょうが邪魔くさいので無視します。しかしそれを表わす＊は右肩に付けます。

（1）ひずみを周期的に（サイン波で）与える（γ^*）
（2）検出される力（トルクS^*）も周期的であるが、位相がひずみとδズレる
（3）S^*波をサイン波（S'）と位相が$\pi/2$ズレたコサイン波（S''）に分離する
（4）サイン波を微分するとコサイン波になる
（5）トルクを単位面積あたりに換算すると応力σ^*になる
（6）ひずみを時間微分するとひずみ速度$\dot{\gamma}^*$になる
（7）ひずみがサイン波ならばひずみ速度はコサイン波になる
（8）ひずみと応力は比例し、その比例係数を弾性率（G^*）と呼ぶ
（9）S^*同様にG^*もG'とG''に分離される
（10）G'はS'波と同じサイン波で、G''はコサイン波である
（11）弾性をバネで表す

(12) ひずみ変化とバネの変化（応力）は同じ周期で現れる
(13) ひずみ速度と応力は比例し、その比例係数は粘性率である
(14) 粘性をダッシュポットで表す

上記の関係を下の表のように示すと視覚的にわかるかもしれません。なおここでは上述のようにひずみをサイン波で与えていることに注意してください。

サイン波	γ^*	S'	G'	バネ	弾性項
コサイン波	$\dot{\gamma}^*$	S''	G''	ダッシュポット	粘性項

よく使われる専門用語にtanδがありますね。それは下のような関係にあり、流れ性の指標になります。すなわちtanδ>1では粘性の寄与が大きく流れやすく、tanδ<1ならば弾性の寄与が大きく固体的な性質が大きくなります。

$$\tan\delta = \frac{G''}{G'} = \frac{\text{粘性項}}{\text{弾性項}}$$

3-12 温度と時間（1）　温度

第2-11項「ムーニー粘度とひずみ速度」でレオロジーの重要な概念「ひずみ速度（周波数）と温度に相関がある」と触れましたので、これをもう少し掘り下げます。行きつく先は「時間（を長くすること）は温度（を上げること）と等価である」と「マスターカーブ作成」です。確実に理解してもらうために、項を分けながら記述します。速度の逆数は時間の次元になりますので、ひずみ速度を時間に読み替えても話は通じます。

温度は原子や分子の熱運動の平均のエネルギーであるというのが熱・統計力学の教えるところです。物質の温度が高いのは物質を構成する分子や原子

の運動性が高いということです。外部から熱をかけて物質の温度を上げると、物質を構成する分子の運動が大きくなります。気体では温度が高くなると分子の運動性が高くなり、一定圧力下ならば体積が増え、一定体積下ならば圧力が高くなります。この関係を式で表したのが、高校化学で飽きるほど学んだ$PV=nRT$です。では、高分子やゴムではどのように説明されるのでしょうか？もちろん温度が低いと分子の運動性が低くなりますが、高分子鎖全体の動きを見るとどうなのでしょうか？

緩和弾性率の温度分散（温度依存性）の一般的な図を図3-17に示します。縦軸の緩和弾性率の測定パラメーターは時間または周波数です。また測定方法は引張りでもずりでもよいです。引張の時使う記号はEで、ずりではGです。それらが表記されている図を見た時は試験条件が引張りなのかずりなのかをちゃんと読み取ってください。図中に運動のスケールを破線の円で示しました。高分子鎖の運動規模は、低温のガラス状領域ではわずかに原子価角（結合角）が動くだけです。高温の流動領域では高分子鎖すべてが動いて流れる状態になりますが、架橋ゴムでは架橋点で分子鎖が繋がれているため流れようがないので破線で示したようになります。これらの途中の温度ではセグメントと呼ばれる高分子鎖中の短い部分が（高分子鎖全体の大まかな

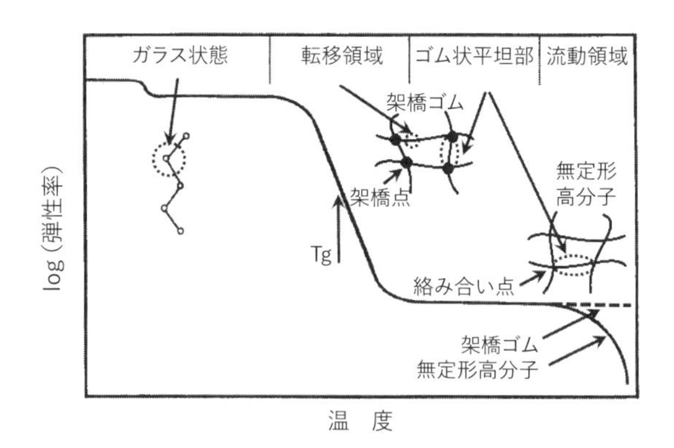

図3-17　典型的な温度と緩和弾性率および分子鎖の運動スケールのイメージ

場所を固定されたまま）動いています。温度が高くなると動くセグメントスケールは大きくなります。

ゴム状平坦部は加硫ゴムだけでなく架橋されていない高分子でも現れます。架橋されて運動が制限されていないのになぜあらわれるのでしょう？この平坦部分は分子量が大きくなるほど長くなります。一方、製膜してもパリパリに割れるくらい分子量が小さいと平坦部は現れず流動領域に突入します。これらから分子量の大きい長い高分子には、高分子鎖の動きをとどめ、流動させない何かがあると考えられます。長い高分子鎖が絡み合って動きにくくなっていると考えられ、ゴムの架橋点に代わって絡み合い点という概念ができました。最近は（といっても半世紀も前から）お互いの高分子鎖をすり抜けていくと考えられています。だからこのあたりの説明でスパゲッティやうどんやそばが高分子の例として出されるのです。

ところで、縦軸は弾性率ではなく実は緩和弾性率であることに注意してください。なぜ緩和が付くのでしょうか？それは高分子物質が粘弾性体だからです。粘弾性体のモデルで使われるダッシュポットの寄与を思い出してくださると理解できると思います。

ここで分散という用語について記しておきます。レオロジーの分野では周波数分散や温度分散という表現が一般的で、周波数依存性や温度依存性とは表記しません。本書は初心者向けなのでカッコ書きして両者を併用するようにしています。分散は振動に関する物性が周波数（振動数）によって変化する現象です。波動のように振動系で用いられ、バネのように個々に単振動しそれぞれが異なるバネ定数を有するものがつながったものにも適用されます。いわば、光でいうスペクトルがたくさん集まったような状態です。

太陽光は単色光ではなく波長（振動数）が違う光が集まっているためにプリズムを通ると虹の七色のスペクトルに分かれます。これ分散といい、英語ではdispersionを使うため、この分野での語源のようです。他方フィラーが分散しているのもdispersionを使うので分散は厄介な用語です。

3-13 温度と時間（2） 時間

前項では緩和弾性率の温度分散（温度依存性）の一般的な図を紹介しました。温度が高くなると緩和弾性率が小さくなるのでした。プラスチックは温度が高くなると軟らかくなるのでイメージしやすいですね。

温度分散試験では周波数（ひずみ速度）条件に気をつけてください。弾性率測定ではサンプルを引張ったり捻じったりします。サンプルが変形を受けると、サンプルは復元しようとし、サンプルの中で分子が動き、その結果として応力が下がります。応力緩和と呼ばれる現象です。高分子メルトの応力緩和はかなり早いので、測定中にも緩和が進行します。

図3-18は応力緩和の項（第2-08項）で示した図を少しアレンジしたものです。縦、横軸ともにlogスケールです。この例ではひずみを掛けた1秒後には応力が24%にまで低下しています。例えばひずみ速度が1Hzでは一サイクルに1秒かかります。1ポイントあたり5回測定してその平均を取る試験条件ならば1データを取るのに5秒を要します。その間に応力は緩和している途中だし、それなのにひずみが5回もかかり（重畳原理といいます)、

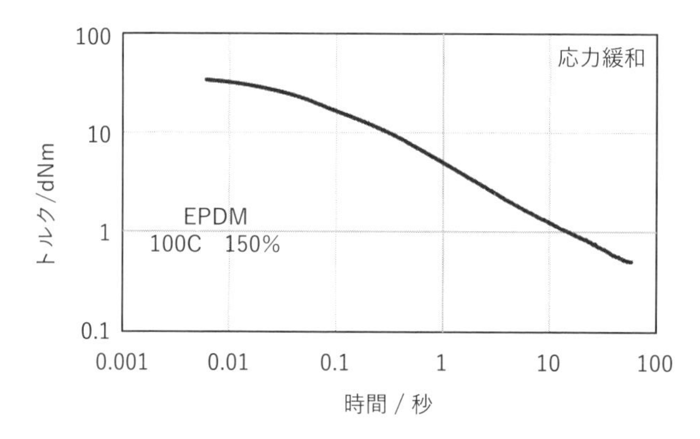

図3-18　応力緩和の例

さらには温度も上昇して軟らかくなるはで、どこの応力を見ているのかわからなくなってしまいます。少なくとも0.5℃温度が変化する間に1データが取れるように測定条件を設定してください。それが線形領域にあることは言うまでもありません。

ご存知のように温度が高いと分子の運動性が高くなります。では温度が変わると高分子の応力緩和はどうなるでしょうか？温度が高いと応力緩和の速度が速くなり、緩和弾性率の値は速く低下するのでしょうか？

図3-19にポリイソブチレン（分子量135万、ガラス転移温度－80℃）の引張り変形の緩和弾性率（縦軸がE）の温度依存性を－80～50℃での種々の一定温度での観測結果を示します。この図はレオロジーの本には必ずと言ってよいくらい掲載されている有名なものです。1960年にToboldskyが発表しました。原典では縦軸の単位はdynes/cm^{2}ですが本図は現在使用されるIUPAC単位系のPaに変換しています。また、次項で述べる重ね合わせのた

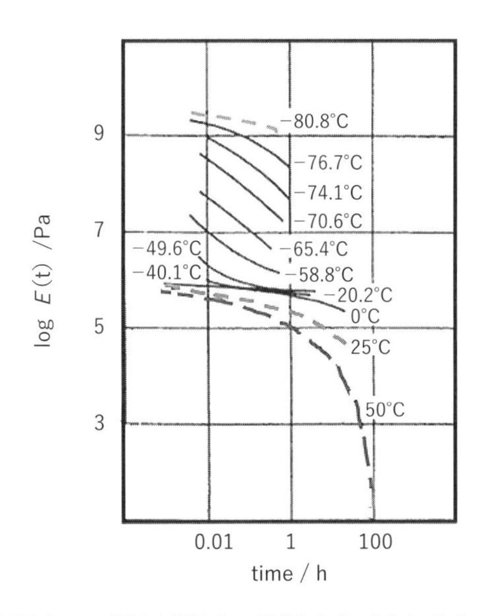

図3-19　各温度での緩和弾性率の経時変化（Tobolskyの有名な図を改変）

めに3つのデータを実線から破線に変更しました。

冒頭に書いたように、温度が高くなるほど緩和弾性率は低下しています。では、時間とともに緩和弾性率が低下していくのはなぜでしょう？マックスウェルモデルを思いだすとわかりますね。そうです、ダッシュポットの効果です。

緩和弾性率の傾きに注意してみましょう。－50℃以下の低温領域では温度が高くなるほど傾き（緩和速度）は大きくなりますが、－50～25℃ではその傾きの変化は大きくはありません。50℃ではまた傾きが大きくなっています。問いかけた「温度が高いと応力緩和の速度が速くなり、緩和弾性率の値は速く低下するのでしょうか？」の答えはノーです。前項のゴム状平坦部がキーポイントです。

3-14 温度と時間（3） 時間軸を移動させる

前項で使ったTobolskyの図を再掲します（図3-20）。測定時間をもっと長く例えば1月とか1年とかに延ばすと、きっとE（t）曲線の行きつく先は下がるでしょう。変化の速度を上げるために温度を高めてやれと思うのは科学者として当然かもしれません。その逆で温度を下げて変化を遅らせるのもありです。さて、それではそれぞれの曲線をどう扱うのか？

緩和弾性率曲線を時間軸に沿って左右にずらし、データの曲線を重ねます。25℃のデータを基準にして、他の温度での曲線を左へ右へ移動させて並べてみます。きれいに重ね合わせたグラフが図3-21です。マスターカーブ（合成曲線）と呼びます。このグラフでは縦軸に沿ってもあるルールに則って移動させてありますが、この説明は省略します。

横軸に注意してください。実際の試験は数10時間程度かけて試験を行っています。一方、マスターカーブでは10の3乗時間すなわち1000時間（40日間）までの曲線になっています。長時間側のデータは50℃の緩和曲線を

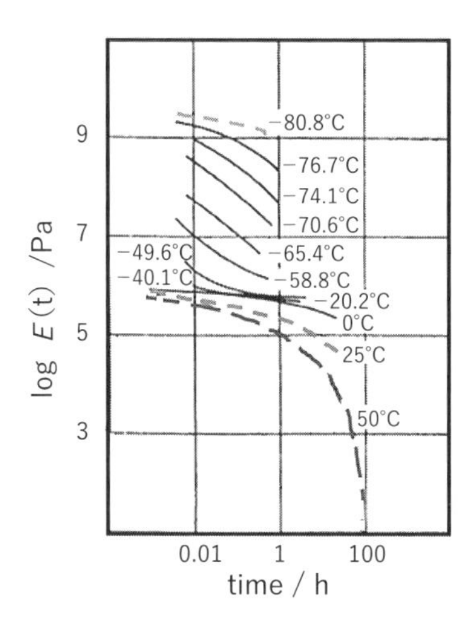

図3-20　緩和弾性率の経時変化

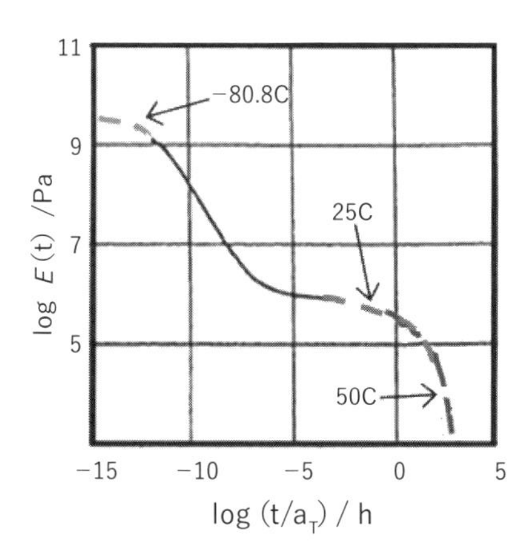

図3-21　マスターカーブ（基準温度25℃）

使っています。長時間側のデータを高温側のデータで予測しているのです。温度を変えた試験を利用して時間スケールを広げることができるのです。これが第2-11項でのトリックです。このマスターカーブは25℃でのものです。他の温度を基準にしても作図は可能です。もちろんグラフの形はまったく同じです。ただし横軸の値が異なります。

温度と時間は相関があるのです。第3-12項「温度と時間（1)」で書いた「時間（を長くすること）は温度（を上げること）と等価である」に行きつきました。そしてマスターカーブの作成もできました。目的達成です。

データを横軸に基準の曲線からどれだけ移動させたかを表したのがa_Tです。シフトファクターと呼びます。横軸のラベルを見るとa_Tの表記が有りますね、見落とさないでください。このa_Tが温度とどんな関係にあるのか？この関係式を見出そうとFlory（ノーベル賞受賞者）やTobolskyらも競い合っていたそうですが、今でもよく知られるのはFerryらが導いたいわゆるWLF式です。ガラス転移温度（T_g）よりも50℃以上の結果に適応されるといわれています。ポリイソブチレンのT_gは－80℃ですから、図3-21のマスターカーブでのシフトファクターとWLF式ではおそらく低温側でズレがあると想像できます。

ところで、化学反応でも似た表現が有りますね。「温度を変えると反応速度が変わる」です。この時には絶対温度の逆数を使ったアレニウスプロットが使われます。シフトファクターが、学問の世界では、WLF型なのかアレニウス型なのかが考察されることが有ります。

COLUMN⑫

「かがくしゃ」は科学者か化学者か？

SAアレニウス（1859-1927）は1903年に、一方で、PJフローリー（1910-85）は1974年にノーベル化学賞をそれぞれ受賞しています。同じノーベル化学賞なのに、アレニウスは科学者と記され、フローリーは化学者と記されることが多いようです。それはフローリーの研究対象が生涯高分子に特化していたからでしょう。一方、アレニウスはノーベル賞授賞対象の電解質の研究だけでなく、生化学や天文学にもおよび、大気中の二酸化炭素の濃度増加によって気温が上昇することも指摘しています。

二人の研究分野の広さの違いは生きた時代のせいです。世界大戦以後、教育の普及とともに世界中に研究者が増え、技術向上で情報伝達はしだいに速くなるなか、研究者は先番を目指すので、他の分野にまで手を広げる余裕がないのかもしれません。

本書に出てくるフックは17世紀に活躍した科学者で、フックの法則だけでなく、顕微鏡で細胞を観察し、またロンドン大火災後の都市計画を行いました。ニュートンは数学や物理だけでなく造幣局長官を務めています。18世紀のフーリエは数学のみならずエジプト遠征からロゼッタストーンを持ち帰ったり、県知事になったりもしています。本邦20世紀初頭の寺田寅彦も、また江戸時代の平賀源内も、多彩な研究成果を出しています。当時は知識階級の人が少なかったので、彼らの間で多岐にわたる情報交換が行われていたと推測されます。

現代では、科学者を化学者・物理学者・生物学者などと表し、その科学者がどの分野で特に活躍したのかをわかりやすくしているようです。

ちなみに、スウェーデンのAノーベルの遺産で設立されたノーベル賞の授与は1901年から始まりました。当時スウェーデンで活躍していたアレニウスも創設にかかわり、ノーベル委員会の委員になっています。彼はクセのある性格だったようで、親しい科学者にノーベル賞を受賞させようとし、そうでない科学者への授与を拒もうとしたそうです。

マスターカーブ（1）動的粘弾性の周波数分散試験

先述のTobolskyの図は様々な温度での緩和弾性率の時間依存性を表しています。マックスウェルモデルを思い浮かべてください。時間とともにダッシュポットが伸び、バネが縮み、応力が小さくなっていく様子がイメージできたらOKです。さらに、なんで平坦なところがあるのだろうと疑問がわけばさらに好ましいです。ここは後の項で触れます。

温度と時間に関係があり、温度を高くすることは長時間側の変化を観測していることに対応します。各温度で得たデータ曲線を時間軸に沿って移動させて重ね合わせることで、ある温度での一本のマスターカーブを得ました。

時間の次元の逆数（s^{-1}）は角速度または周波数の次元になります。Tobolskyの試験は静的な応力緩和試験です。動的試験では角速度すなわち周波数を変えて試験を行います。つまり時間を角速度に対応させます。弾性率の周波数依存性を温度を変えながら測定するとTobolskyの図と似た図を得ることができます。動的粘弾性試験と呼ばれるものです。

能書きはよいとして、周波数依存性（周波数分散）の測定結果を示します。サンプルはポリスチレン（PS）です。120～230℃の温度で、貯蔵弾性率（G'）と損失弾性率（G''）の周波数分散曲線を得ました（図3-22）。PSのガラス転移温度（T_g）は100℃ですから、測定温度ではPSは融けている状態です。図3-22の各曲線をずらして合成曲線（マスターカーブという）を作成します（図3-23）。左右を反転するとなんとなくTobolskyの図に似ていると思いませんか？

上記の表現をまねると、温度を高くすることは低ひずみ速度での変化を観測していることに対応します。各温度で得たデータ曲線をひずみ速度（角速度、周波数）軸に沿って移動させて重ね合わせることで、ある温度（基準温度、図3-23では$T_g + 50$℃）での一本のマスターカーブを得ることができました。

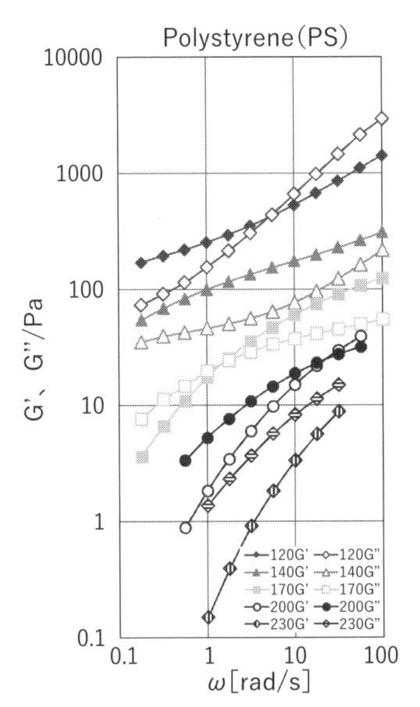

図3-22　PSの動的粘弾性

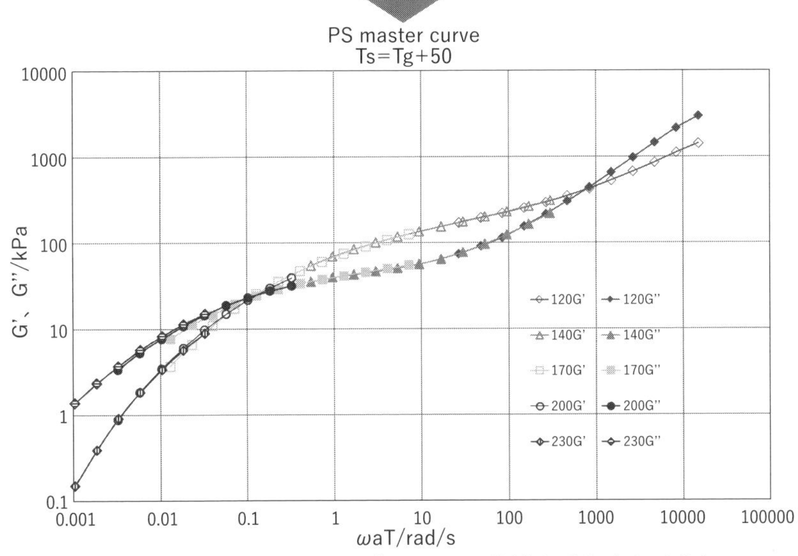

図3-23　PSの合成曲線（図3-22の曲線を重ね合わせた）

3-16 マスターカーブ（2）マスターカーブの類似性

これまでに示した三つの図を並べてみます。注意してほしいのは横軸です。物理量は温度、時間、周波数です。図の類似性から、温度と時間と周波数に関係があり、温度を高くすることは長時間側または低周波数側の変化を観測していることに対応します。周波数の次元（s^{-1}）の逆数は時間（s）の次元ですから、右図を左右反転すると中央の図に似た形になります。このために、長い時間を掛ける静的試験に代わり、短時間で測定ができる動的測定が行われます。

縦軸を見ると数桁にわたっていることがわかります。10^5～10^6 Paには平坦部が現れています。架橋（加硫）されたゴム分子では、その架橋間の分子が運動して緩和していく過程が現れています。平坦になることからこの部分の緩和が長時間または広い温度域にあることがわかります。ポリスチレンは架橋されていませんが、長い分子鎖の絡まっている点の間の分子の緩和運動が現れており、弾性率がゴムと同じ値に現れることから、ここをゴム状平坦部、ゴム状領域と呼びます。

10^9 Paはプラスチックのガラス状態域領です。レオロジー屋は10^5や10^9 Paをすぐに確認し、測定領域がどこにあるのかを確認します。桁取りを間違えようなら鬼の首を取ったかのように指摘・攻撃されますので留意してください。ひとつの測定機でガラス領域から流動領域までの広範囲のデータを取得するのは無理なようで、固体専用とメルト専用の動的粘弾性測定機があります。

ここ数十年間のコンピュータの進歩で測定や解析の精度が高まっています。マスターカーブの作成も専用のソフトウエアを使うと短時間でできます。マスターカーブもきれいですし、シフトファクターも算出されます。ただし数値をよく確認しなければなりません。きれいな曲線を描き出すために、縦軸のシフトの並びが逆転していることがありますので注意が必要です。

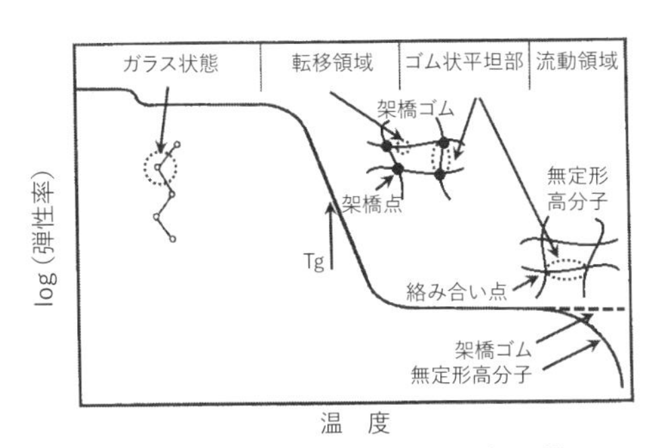

図3-24　緩和弾性率の温度分散

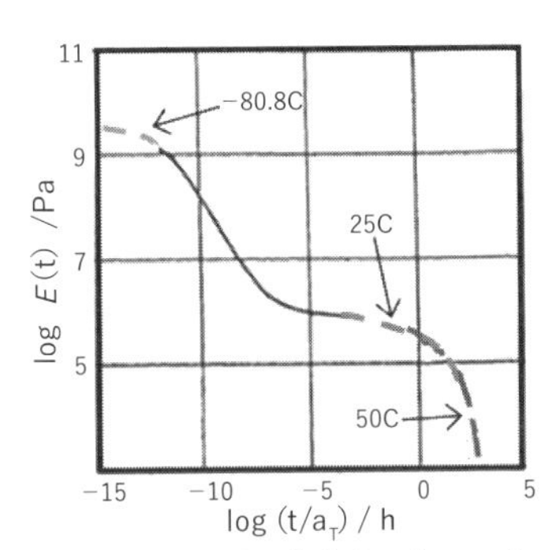

図3-25　緩和弾性率の経時変化（マスターカーブ）

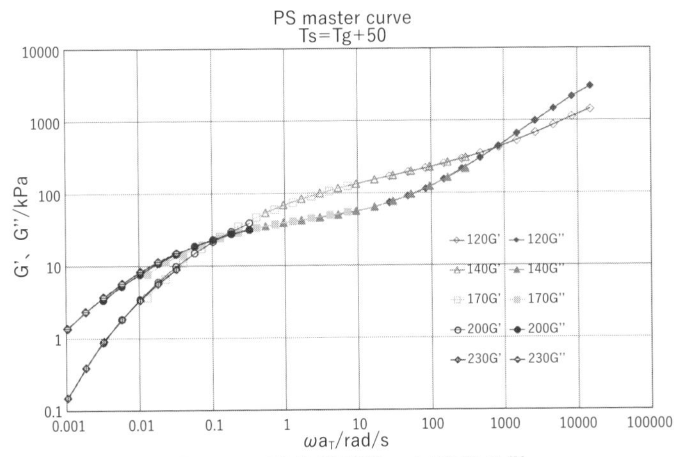

図3-26　動的粘弾性の周波数分散

3-17 マスターカーブ（3） 測定の注意点

ここではマスターカーブの作図するにあたって、データ採取の注意点について記します。

まずサンプルです。測定中に構造が変わらないことが前提です。このため結晶のない無定形（アモルファス）高分子での測定例が教科書などに掲載されています。合成ゴム類は無定形ですが、天然ゴムは結晶性です。無定形高分子はポリスチレン（PS）、ポリメタクリル酸メチル（PMMA）、ポリ塩化ビニル（PVC）、ポリカーボネート（PC）などが知られています。結晶性高分子は天然ゴムのほかにポリエチレン（PE）、ポリプロピレン（PP）、ナイロン（PAまたはNy）などがあり、これらはその融点以上での測定、または結晶生成・消滅が測定結果に影響しない条件を確認しておくことが重要です。

つぎは測定温度です。高分子メルトの動的粘弾性測定では一般的にガラス転移温度（T_g）よりも50℃以上とされています。この温度領域でWLF曲線がきれいになるからです。しかしながら、高い再現性があり、会社内の内部資料にとどめるのであれば、温度に制限はないかもしれません。正しいデータよりも使えるデータが工業生産では大切ですからね。もちろんその情報は正しく伝授しないと、配置換え後の担当者が戸惑うことになります。

測定条件は応力-ひずみの関係が線形領域にあることです。これはとても重要です。ご存知のように、応力-ひずみが直線で表される線形領域は広くはありません。弾性率は応力-ひずみ曲線の傾きです。したがって弾性率-ひずみの図で弾性率が横軸と平行になるようなひずみ領域を選びます。言うまでもなく応力-ひずみもチェックします。

さらに装置のトルク感知の制限（測定限界）があります。加熱されたサンプルが軟らすぎると、低ひずみでは応力を正しく感知できません。低周波数でも同様です。また高ひずみでシェアシニング（Shear thinning）になり線形領域を外れてもいけません。シェアシニングはこれはこれで研究領域があります。また高ひずみではサンプルと測定治具との間のスリップもよくある現象なので注意してください。

上記を踏まえて、予備実験を行って測定条件を決定します。そして測定温度を変えながら周波数分散のデータを取得します。

前回表示したPSマスターカーブを作成するために行った予備試験の一例を下図に示します。ここでは170℃で周波数を10または100rad/sにして、ひずみ分散を調べました。ご覧のように低ひずみ側でG*が線形から外れています。原因はトルク不足でした。周波数分散の測定ではひずみを固定しますので、170℃ではひずみ10%で測定しようかなと当たりを付けます。もちろん測定する周波数範囲で線形条件も確認しなければなりません。面倒ですが避けては通れません。

最近の動的粘弾性測定装置では一つのサンプルに対して温度や周波数を変えながらひずみ分散を採取できるように多段階の試験プログラムを組めますので、面倒の程度は軽減できますが、確認は必要です。

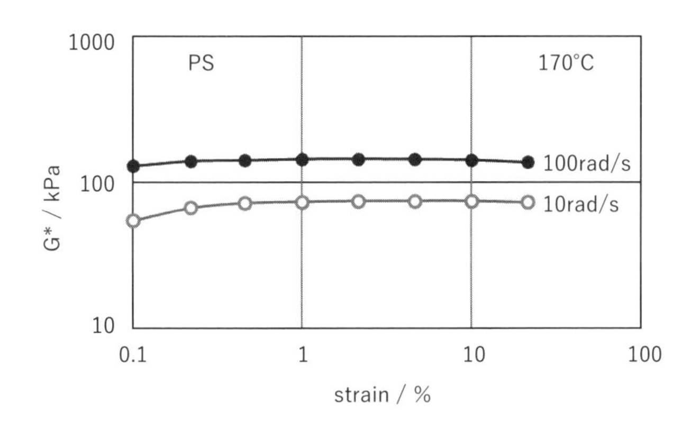

図3-27　異なる周波数でのひずみ分散の例

線形領域や測定可能域を確認する

レオロジーについての基本事項の補足

4-01 ポアソン比

変形を扱うときにポアソン比は理解しているほうがよいでしょう。レオロジーは物質の変形を扱う学問ですからテキストでは初めのほうにポアソン比について簡単に触れられています。しかし実用ではだいたい無視されています。ポアソン比とは物質を引張って伸ばしたとき、または圧縮して縮めたときにその体積は変化するかどうかの指標です。ギリシア文字や添え付け文字がある数式だらけですが、まったく難しくはありません。

簡単のため試料を側面が正方形の直方体で考えます（図4-1）。ひずみ（ε）の定義は元の長さ（L_0）に対する変形した分の長さ（ΔL）の比です。

$$\varepsilon = \frac{\Delta L}{L_0}$$

伸長方向をx軸、その側面方向をy軸、z軸とします。引っ張るほうには伸び、その分側面側は縮むと考えられますのでyとz方向の変形はマイナスになります。yとzで作られる面が正方形ですからその方向の変形の大きさは同じです。これを次式で表します。

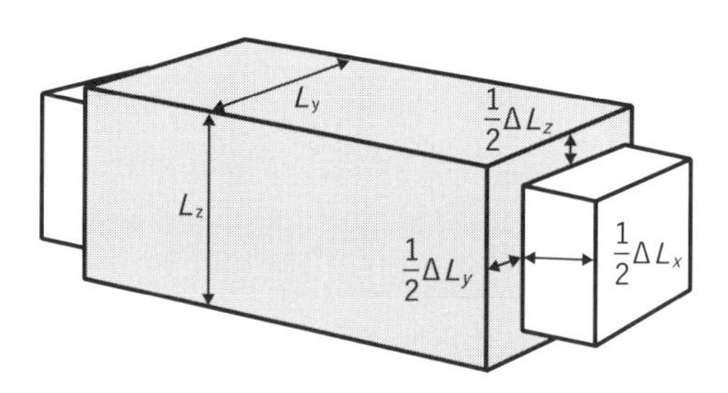

図4-1　直方体を引張って伸ばす

$$\varepsilon_x = \frac{\Delta L_x}{L_x}、\varepsilon_y = \frac{-\Delta L_y}{L_y}、\varepsilon_z = \frac{-\Delta L_z}{L_z}、\varepsilon_y = \varepsilon_z$$

次に伸び方向の変形（ε_x）と側面方向の比（ε_y、ε_z）を取ります。この比の値は物質に固有です。またこの比をポアソン比と呼びギリシア文字のニュー（ν）で表すことが多いです。式で表すと次のようになります。

$$\frac{\varepsilon_y}{\varepsilon_x} = \frac{\varepsilon_z}{\varepsilon_x} = \text{物質固有値、}\nu(\text{ポアソン比}) \quad \frac{-\varepsilon_{\text{横方向}}}{\varepsilon_{\text{縦方向}}}$$

すなわち、$\varepsilon_y = \varepsilon_z = -\nu\varepsilon_x$です。

この式からわかるように、ポアソン比を使うと横方向の変化分は縦方向に変化した分のν倍です。例えば$\nu = 0.3$の物質は縦方向に1%伸ばされると横方向には0.3%縮みます。

たいていの物質はポアソン比が0から0.5の間にあります。ポアソン比が0の物質は縦に引張って伸ばされても、また圧縮されて縮められても横方向の変化が0、つまり断面積が変化しません。コルクがその例として知られています。

ポアソン比が正の値を持つ物質は、引張って伸ばされると横方向に縮み、押されて縮められると横方向に広がります。感覚的に納得できますね。

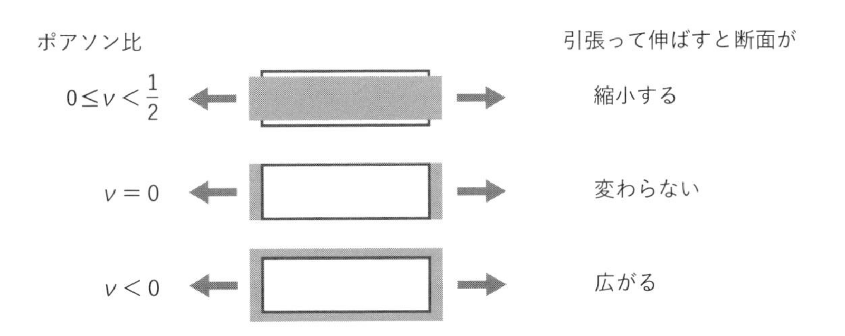

図4-2　ポアソン比と伸張変形のイメージ

そこで体積変化を計算してみましょう。縦方向に引張ると縦方向の寸法変化は$1+\varepsilon$倍です。一方、横方向の寸法は$1-\nu\varepsilon$倍となり、断面積変化は$(1-\nu\varepsilon)^2$倍です。したがって体積変化は$(1+\varepsilon)(1-\nu\varepsilon)^2 = 1-2\nu\varepsilon+\varepsilon-2\nu\varepsilon^2+\nu^2\varepsilon^2+\nu^2\varepsilon^3$倍となります。ひずみ$\varepsilon$が微小ならば$\varepsilon$の高次の項を無視できるので、引張後の体積（$V$）は元の体積（$V_0$）の$1-2\nu\varepsilon+\varepsilon$倍となります。そこで体積変化量を$\Delta V$とし、上の関係を式で表すと次のようになります。この3番目の式は教科書では体積の増加率としてよく見かけます。

$$V=(1-2\nu\varepsilon+\varepsilon)V_0$$

$$\Delta V=V-V_0=(-2\nu\varepsilon+\varepsilon)V_0=(1-2\nu)\varepsilon V_0$$

$$\frac{\Delta V}{V_0}=(1-2\nu)\varepsilon$$

この式から$\nu=0.5$ならばεの値にかかわらず体積変化はないことがわかります。ゴムがこの例として知られています。そして実用ではゴムではない樹脂も体積変化がないとして扱われています。

前述したようにたいていの物質のポアソン比νは0から0.5の間にあるので、ほとんどの物質は引張ると体積は増加します。

著者は引張ったら横方向に膨らむ（ポアソン比がマイナス）というプラスチック紐を触ったことがあります。引張ってみましたが見た目には膨らんだという感じはしませんでした。これは紐を造る加工技術によってできたと聞きました。

4-02 $E=3G$（1）　体積ひずみと面積ひずみ

引張弾性率（E）がずり弾性率（G）の3倍である（$E=3G$）ことはほとんどのレオロジーの教科書に記載されています。しかし$E=3G$の関係があるとさらりと書いてあるだけで、その導出はありません。その導出は材料力学のテリトリーのため、そして説明に頁数を取られるからでしょう。そこで本書の性格上この導出を行いましょう。

この導出には、様々な近似が行われます。計算では前項のポアソン比でもやったように、ひずみεが微小ならばεの高次の項を無視します。他にも幾何学的な近似を行います。$E=3G$を導くためのいくつかの近似を概説します。

まずは体積ひずみ（ε_v）です。

ひずみの定義は、「変化量/元の大きさ」です。体積ですから三軸の直交座標（なんて書いていますが、x軸、y軸、z軸のことです）で考えます。直方体が全方向（x方向にε_x、y方向にε_y、z方向にε_z；$\varepsilon_{x,y,z}$は各方向のひずみ）に拡大（膨張）したと考えます。ポアソン比のところでの引張り変形とは違い全方向に拡大または収縮しますので注意してくださいね。拡大した直方体の体積（V）は次式で表されます。

$$
\begin{aligned}
V &= L_x(1+\varepsilon_x)\times L_y(1+\varepsilon_y)\times L_z(1+\varepsilon_z)\\
&= L_xL_yL_z(1+\varepsilon_x+\varepsilon_y+\varepsilon_z+\varepsilon_y\varepsilon_z+\varepsilon_z\varepsilon_x+\varepsilon_x\varepsilon_y+\varepsilon_x\varepsilon_y\varepsilon_z)\\
&\approx L_xL_yL_z(1+\varepsilon_x+\varepsilon_y+\varepsilon_z)
\end{aligned}
$$

微小変形だからεの高次項を無視した近似を行いました。

$$
\varepsilon_v=\frac{\Delta V}{V_0}=\frac{L_xL_yL_z(1+\varepsilon_x+\varepsilon_y+\varepsilon_z)-L_xL_yL_z}{L_xL_yL_z}=\varepsilon_x+\varepsilon_y+\varepsilon_z
$$

$$
\therefore \varepsilon_v=\varepsilon_x+\varepsilon_y+\varepsilon_z
$$

三軸表記の体積ひずみは各軸のひずみの足し合わせで表せるのです。これはとても重要ですが、たいていの材料力学の教科書では強調せずにさらりと書いてあります。ひずみの足し合わせは二軸表記の面積ひずみ（ε_s）にも当てはまります。すなわち次式です。

$$\varepsilon_s = \varepsilon_x + \varepsilon_y$$

面積ひずみについては各自でやってみてください。上の計算式を眺めれば簡単ですね、zの項を省けばいいのですから。

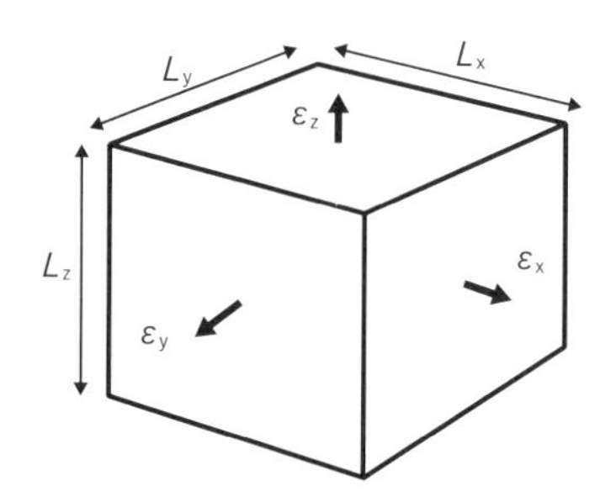

図4-3　直方体を全方向に拡大する

$E = 3G$（2）せん断ひずみでの幾何学的な近似

本項ではせん断ひずみで使われる近似について記します。

正方形の上辺を右にずらしひし形を作ります（図4-4）。ここでも変形は微小です。正方形の対角線の長さをLとすると、正方形の面積S（square）は$L \times L \div 2$ですね。ひし形の面積S（rhombus）は（$L - \Delta L_1$）×（$L + \Delta L_2$）÷2です。ひし形の面積は「底辺×高さ」でしたね。微小変形ゆえに底辺も高さも左の正方形と同じですから、ひし形と正方形と面積は同じです（大変形を考えると、これはあり得ません。想像してください、ぺったんこ近くにまでひしゃげたひし形を）。したがって、以下の計算ができます。

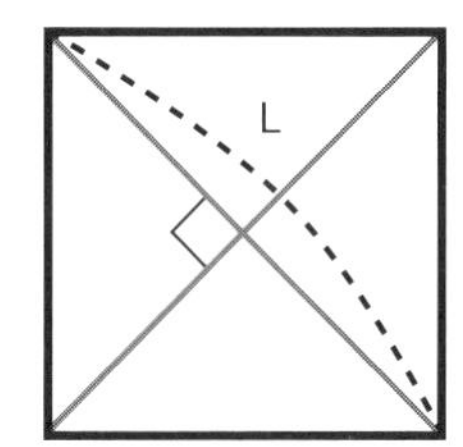

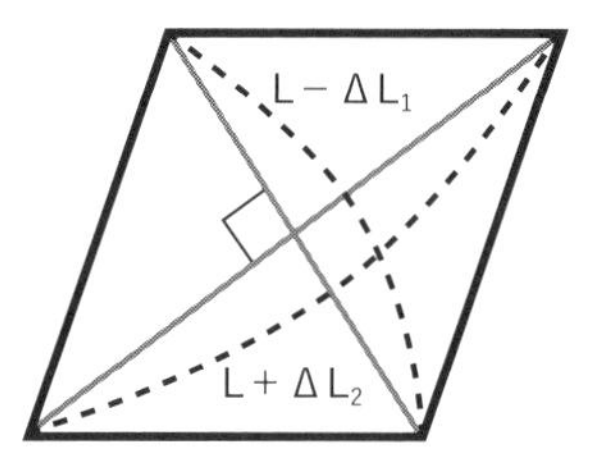

図4-4　正方形をずらしてひし形をつくる

$$S(\text{square}) = L \times L \div 2 \approx S(\text{rhombus}) = (L - \Delta L_1) \times (L + \Delta L_2) \div 2$$

よって、

$$L \times L = L \times L - L \times \Delta L_1 + L \times \Delta L_2 + \Delta L_1 \times \Delta L_2$$

さらに$\Delta L_1 \times \Delta L_2$を無視すると、

$$\Delta L_1 = \Delta L_2$$

すなわち、微小変形では対角線の伸びた分と縮んだ分は同じなのです！

本項ではもう一つ、幾何学的な近似も紹介します。筆者が大学院時代にこれを行ったとき、こんなのありっ?!と思いました。

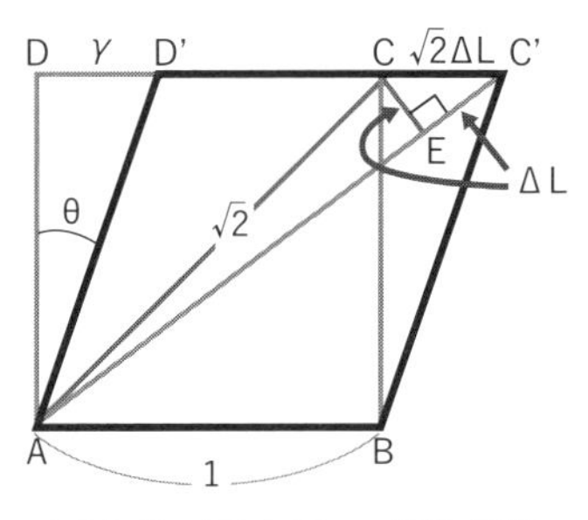

図4-5　正方形のずり変形

図4-5のように正方形の頂点をA、B、C、Dとし、上辺をずらしてできたひし形の頂点をC'、D'とします。さらにひし形の対角線AC'にCから下ろした垂線の交点をEとします。簡単のため正方形の一辺の長さを1とします。すなわちAB = AD = 1です。また、対角線ACがAC'に伸びた分をΔLとします。

さて、微小変形による近似です。

$$\mathrm{AC} \approx \mathrm{AE}$$

$$\mathrm{CE} \approx \mathrm{C'E} \approx \Delta L$$

この近似はまじめに考えると実に奇妙ですね。三角形ACEは二つの底角が直角な二等辺三角形なのです!?。

ずりひずみ（γ）は下のようになります。

$$\gamma = \frac{\mathrm{DD'}}{\mathrm{AD}} = \frac{\mathrm{DD'}}{1} = \tan\theta \approx \theta$$

したがって、DD' = CC' $=\sqrt{2}\times$ CE $=\sqrt{2}\times\Delta L=\gamma=\theta$となります。すなわち

$$\gamma=\sqrt{2}\,\Delta L$$

です。

4-04 $E=3G$（3） 引張り応力とせん断応力

ここでは近似ではなく、図4-6を見て、せん断変形（ずり変形）と引張り変形（伸長変形）の区別を確認しましょう。簡単のため正方形で考えます。せん断変形は左側で、底辺は固定されているとして、上辺を右方向へずらすと、中央のひし形に変形します。

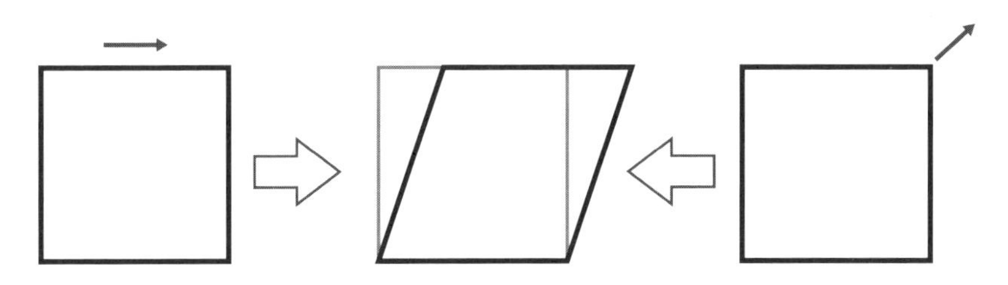

図4-6　左はせん断変形、右は伸長変形

一方、引張り変形は右側で、対角線上の斜め45度に引張ると、やはり中央のひし形に変形します。あくまでも微小変形です。力学的に正しく描くとそれぞれの矢印（力）と正反対の矢印が必要です（なぜなら、このままだと回転するか、飛んで行ってしまいます）が、割愛します。この図を見ると、せん断と引張りの間に何らかの関係がありそうだと気づきます（よね？）。

次に、図4-7のように正方形の両端に外力 σ が左右方向に作用しているとします。その正方形を縦にどこかで切断したと仮想すると、その切断した両

辺には内力 σ が左右方向に作用しています。縦ではなく斜めに切断したとしても左右方向には内力 σ が働いています（図4-8）。

つまり、左右方向に外力が作用すると、内側のどこにでも左右方向に外力と同じ大きさの内力が働いていて、外力とつり合っています。バネの応力がどこで切っても同じなのと同じです。

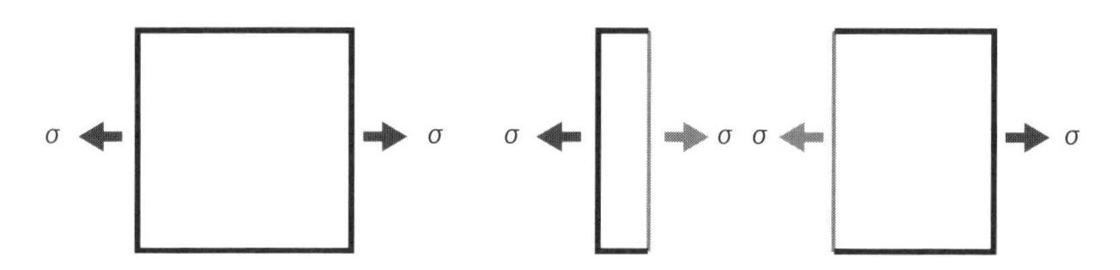

図4-7　左右方形の外力と同じ力が切断面に内力としてかかっている

ここからは、厚みがdの正方形の板（ABCD）に大きさが同じ圧縮応力と引張り（伸長）応力が作用すると仮定した変形を考え、ACの面に働く応力を調べます。なぜここで厚みのある板なのでしょうか？それは応力（単位面積にかかる力）を考えるからです。面が無ければ応力を考えることができないのです。面倒ですが、これが定義に沿って物理的に考えるということなのです。

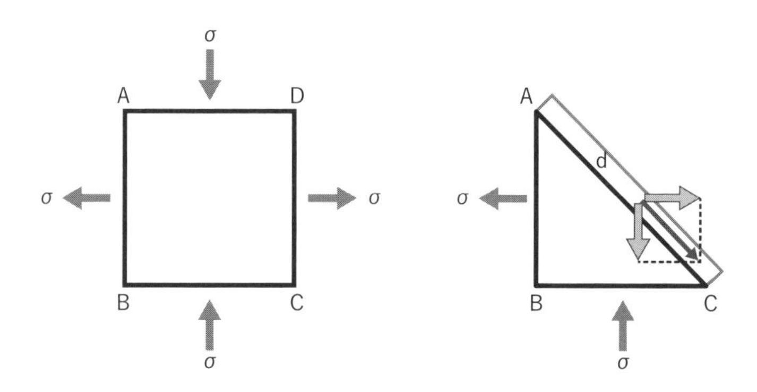

図4-8　圧縮応力と伸長応力が等しい板の斜面の合力

この二つの応力の大きさは同じσだと仮定し、板の厚みはd、一辺の長さは1とします。

当然ながら、面にかかる圧縮力と伸長力（応力ではない）は応力σに面積（d×1）をかけるとσdです。正方形の板ですので切断面ACには細い矢印で示した斜めにかかる力（せん断力）$\sqrt{2}\sigma d$が働いていることになります。この面の応力はせん断力を面積（$\sqrt{2}d\times 1$）で割るとせん断応力（ここでは記号τを使います）がσと求められます。式で書くと下のようです。

$$\text{せん断応力}(\tau)=\frac{\text{せん断力}\ (\sqrt{2}\sigma d)}{\text{面積}\ (\sqrt{2}d)}=\sigma$$

もちろん切り取った反対側にも同様のせん断力及びせん断応力がかかっています、向きは逆ですが。材料力学で見かける応力を表している図4-9はこのような理屈でできているのです。著者は今でもこの図を見ると感覚的に落ち着かないのですが、計算結果は$\tau=\sigma$となるのです。ここで重要なことは、正方形板の側面に掛けた圧縮と引張り応力と45度傾いた対角線上にかかるせん断応力の大きさが等しいということです。逆もまた真なりで、正方形板の側面にせん断応力が作用すると、同じ大きさの引張り応力が対角に働きます。

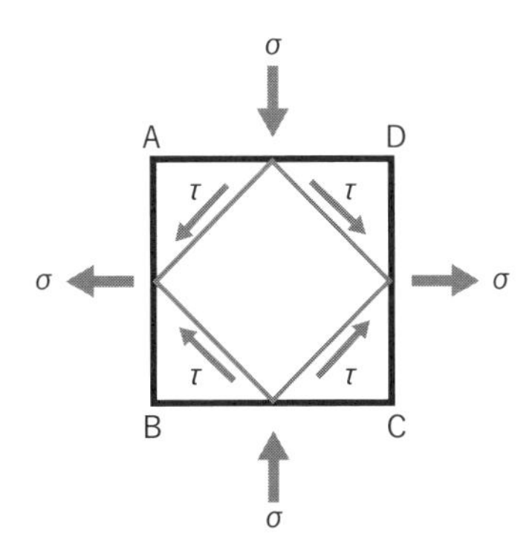

図4-9　正方形板にかかる圧縮応力と伸長応力が等しい力（σ）のとき、斜面にはσと等しいせん断応力τがかかる

建築系の方々は壁の斜めの亀裂を見ると水平または垂直の応力に対して、それに直交する応力が掛ったと考えるようです。その例えとしてチョークを引張ると斜めに切断する映像がネットに挙がっています。

4-05 $E = 3G$（4） 証明終わり

これまでに紹介してきたポアソン比とひずみの足し合わせと幾何学的近似を駆使して、引張弾性率がずり弾性率の3倍である（$E = 3G$）の導出ができます。

まずは定義のおさらいです。応力と弾性率とひずみの関係、およびひずみは下式のようでした。

$$\text{応力} = \text{弾性率} \times \text{ひずみ}$$

$$\text{ひずみ} = \frac{\text{変化した長さ（伸び）}}{\text{元の長さ}}$$

ここで前出の正方形（AB = AD = 1）とひし形の図（図4-5）に応力を書き加えます。見づらさを避けるため、せん断応力（τ）と引張り応力（σ）をひとつずつ記します（図4-10）。

先ず、対角線AC方向への伸長変形に注目します。伸長変形だから弾性率は引張り弾性率で、この引張り弾性率をEで表し、対角線方向のひずみをεで表します。対角線ACがAC'に伸びた分をΔLとします。ACの長さは$\sqrt{2}$ですね。

したがって、伸び（ΔL）は伸長ひずみ（ε）と元の長さ（AC=$\sqrt{2}$）を使って表すと下のようになります。

$$\Delta L = \varepsilon \times \sqrt{2}$$

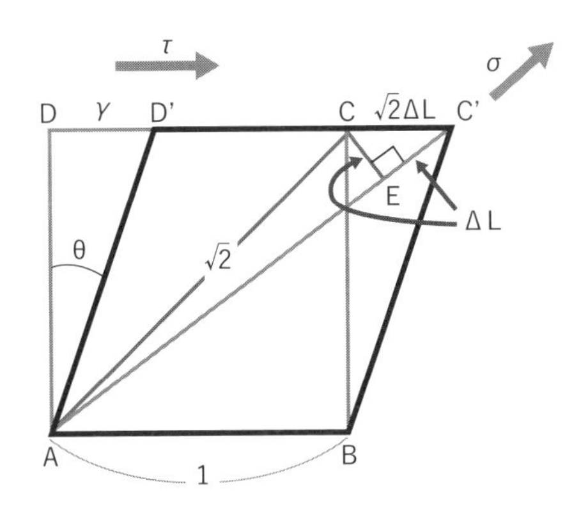

図4-10　正方形のずり変形と伸長変形

次に、上辺CDをずらしたせん断変形に視点を移します。せん断ひずみ（γ）は元の長さがAD=1だから下のように表されて行きました。

$$\gamma = \frac{DD'}{AD} = DD' = CC' = \sqrt{2} \times \Delta L = \sqrt{2} \times (\varepsilon \times \sqrt{2}) = 2\varepsilon$$

さてここで、微小変形で導かれた次のことを思い出してください。

① 面積ひずみは直交する縦ひずみと横ひずみの和で表される

② 横ひずみは縦ひずみとポアソン比（ν）の積で表される

③ 微小変形ではせん断応力（τ）と引張り応力（σ）が等しい

①と②から下式が導出されました。歪ませていくとひし形の対角線の位置がずれていくためにこのような表現になっていることを理解してください。

$$\varepsilon = \varepsilon_x + \varepsilon_y = \frac{\sigma}{E} + \frac{\nu\sigma}{E} \qquad \leftarrow \quad ①と②$$

せん断弾性率（G）はせん断ひずみ（γ）とせん断応力（τ）の関係は次のようでした。

$$\tau = G \times \gamma$$

③を文字にすると下式です。

$$\tau = \sigma \qquad \leftarrow \quad ③$$

今まで出てきた関係を下式のように置き換えていきます。

$$\gamma = \frac{\tau}{G} = \frac{\sigma}{G} = 2\varepsilon = 2\left(\frac{\sigma}{E} + \frac{\nu\sigma}{E}\right)$$

上式で注目するのは下の関係です。

$$\frac{\sigma}{G} = 2\left(\frac{\sigma}{E} + \frac{\nu\sigma}{E}\right)$$

σを除し、分子分母をひっくり返します。

$$G = \frac{E}{2(1+\nu)}$$

　ゴムや融けたプラスチックはポアソン比（ν）が0.5とみなされているので、$E = 3G$になります。これで目的達成です。

4-06 架橋（加硫）試験

ゴム加工では分子を架橋させて固化させる工程があります。原料のゴムのほとんどがそのガラス転移温度がマイナス数十℃と低くいために室温では柔らかくベトベトで、このままでは輪ゴム、ましてやタイヤには使えません。1839年冬、米国のC.グッドイヤーが生ゴムに硫黄を加えて加熱すると固化することを発見しました。グッドイヤーの開発譚はいろんな本やインターネットに出回っているので見聞きされたこともあるでしょうし、そうでない方は何かで一度読まれるとよいですよ。幸運、悲運、壮絶、波乱万丈、悲喜こもごもの一生だったようです。

一方、ベトベトのゴムだって使い方によっては有用です。1823年、英国のC.マッキントッシュは布生地の間に生ゴムを引き圧着させた防水コートを発明し、英国軍がそれを採用しました。老舗ブランドの誕生です。生ゴムを知っている方は想像できるでしょうが、このコートは重くて臭かったそうです。

ゴムを架橋させる物質は硫黄だけではありませんが、ゴムを架橋させることをゴム業界では硫黄の硫の字を取って「加硫」と呼んでいます。英語ではcureとかvulcanizationと言い、この反応を調べる装置は加硫試験機（cure meter）です。この測定方法もJIS、ASTM、ISOの規格で定まっています。加硫するとゴムの分子鎖は三次元網目構造になり、流動性は失われ弾性が発現します。

図4-11はカーボンブラック、加硫剤などを含んだ合成ゴムEPDMの加硫試験の結果です。加硫（架橋）温度は160、180、200℃です。試験ごく初期のゴムが測定ダイに押しつぶされ、かつ設定温度に昇温していく過程でトルク値が減少し最低値を呈するまでのデータを省いています。

図から明らかなように、反応が進行するにつれトルクが上昇し、反応が終了するとトルク値は一定になります。架橋させる温度が高いほど反応時間は短いです。200℃ではややトルク値が下がる傾向にあるので熱分解がおきているかもしれません。研究開発者たちはこのような試験を行い、ベストな添加剤と組成、さらには加工条件を見つけていきます。

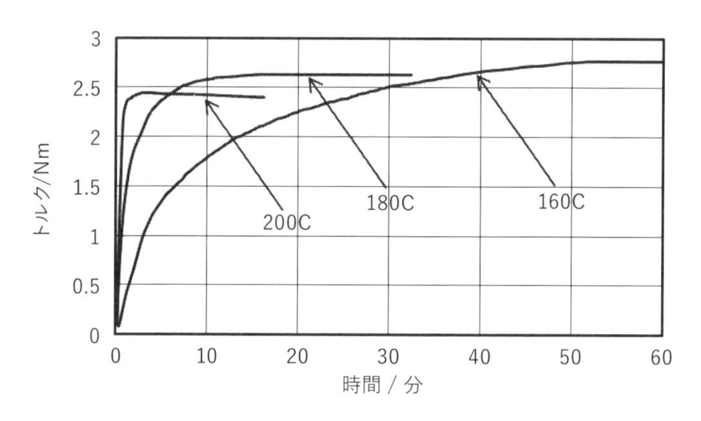

図4-11　EPDMの加硫（架橋）試験

架橋（加硫）試験と活性化エネルギー

前項で示した加硫試験は言うまでもなく化学反応で、反応温度が高くなると反応速度が速くなります。「化学反応—温度—速度」とくれば、化学を学んだ人は活性化エネルギーを思い浮かべるはずです。活性化エネルギーについて本書では詳述しませんが、反応を進めるために必要なエネルギーと考えていただくとよいでしょう。

例えば水素（H_2）と酸素（O_2）を混ぜただけでは水（H_2O）は生成しませんが、そこに電気で火花を飛ばすと水ができます。この火花が反応を進めるために与えたエネルギーです。前項のゴムの架橋反応を進めたのは熱です、温度です。ただしサンプルを冷蔵庫で保管していると冷たくて反応は進みません。

前項のグラフから見かけの活性化エネルギーを求めてみましょう。「見かけの」がつくのは個々に起こる素反応をひっくるめて一つの反応だと見なしているからです。活性化エネルギーを求めるにはアレニウスプロットを作図しなければなりません。これは結構な手間なのですが避けては通れません。

前項のグラフでは加熱温度によって反応終了時のトルク値が異なっていました。これをトルクの最小値（ML）と最大値（MH）で0～100%になるように規格化します。また最小値になる時間を0とします。

ここで数値の考え方をひっくり返します。反応が100%終了した時にトルクが最大値（MH）になる時間（$t_{100\%}$）に反応するものがまったく無くなったとして便宜上その濃度を0とし、トルクが最小になる時間（$t_{0\%}$）での濃度は100%（%表示をやめると1）とします。したがって反応が進むほど架橋できる濃度（ここでは架橋可能点濃度と呼びましょう）は減少していきます。

続いて、反応時間（横軸）に対して、架橋可能点濃度を縦軸にとり対数（log）にして片対数プロットをします（図4-12）。そして各温度でのプロットの傾きを求めます。この傾きを反応速度定数（k）と呼びます。それぞれ

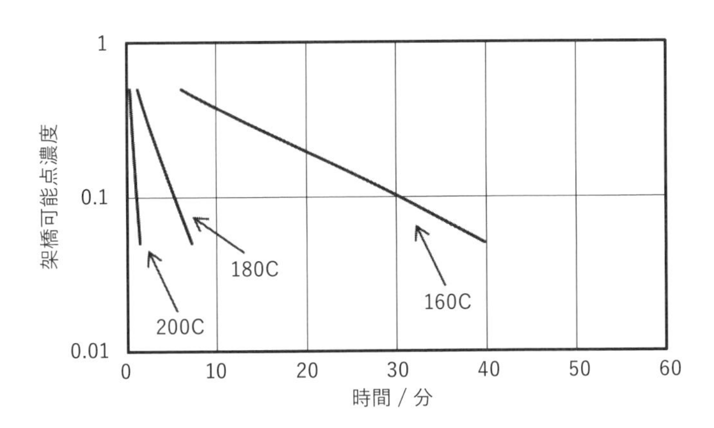

図4-12　架橋可能点濃度の反応時間による低下

直線の傾きから反応速度定数を求めます

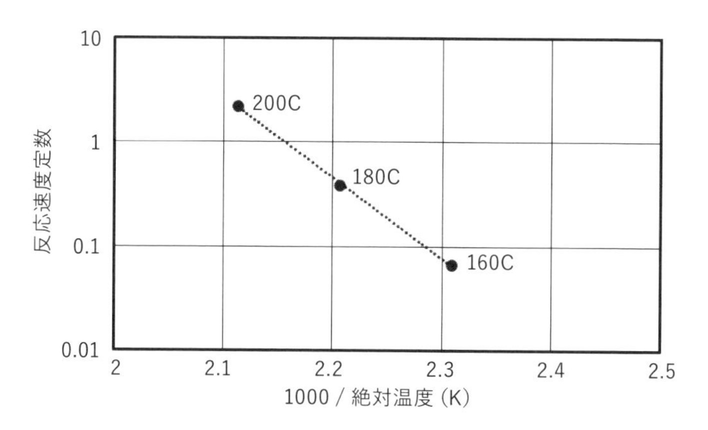

図4-13　アレニウスプロット

この傾きから見かけの活性化エネルギーを算出します

のkを架橋温度（絶対温度）の逆数に対してプロットします（図4-13）。この図をアレニウスプロットと言います。その傾きから活性化エネルギー（E_a）が算出されます。本系では約148.6kJ/molとなりました。最近のPC付き加硫測定装置では、ソフトウェアにそのプログラムがあるのでクリックすると簡単に求まります。

ちょっとした注意ですが、傾きからE_aを求めるのですから測定温度は少なくとも2点は必要です。また架橋剤や架橋促進剤が違えばE_aも異なります。

4-08 活性化エネルギーの使いみち

前項で活性化エネルギー（E_a）を求める手順を記しましたが、それが求まると何がいいのでしょうか？それを利用して架橋反応にかかる時間の検討ができるのです。この項では少しの数学を使ってアレニウス式を導出します。それから、その式から反応時間の検討を行ってみましょう。

化学反応速度論では物質AがBに変化（A→B）する速度（v）をそれぞれの濃度［A］、［B］の増減で表します。微分形式で表していますが、濃度÷時間の形になった濃度の時間変化、すなわち速度を表しています。A側にマイナスがつくのは濃度が減少していくことを表します。

$$v = \frac{-\mathrm{d}[\mathrm{A}]}{\mathrm{dt}} = \frac{\mathrm{d}[\mathrm{B}]}{\mathrm{dt}}$$

複雑な反応でない一次反応の場合は反応速度定数（k）は次式で表されます。

$$v = k[\mathrm{A}]$$

この式は反応速度が反応する物質の濃度に依存することを表しています。物質Aの濃度［A］は反応が進むと減少しますので、vはそれとともに遅くなります。

上の二式から次の式を経て、変数分離をして積分します。

$$k[\mathrm{A}] = \frac{-\mathrm{d}[\mathrm{A}]}{\mathrm{dt}}$$

$$\int \frac{\mathrm{d}[\mathrm{A}]}{[\mathrm{A}]} = -k\int \mathrm{dt}$$

$$\ln[\mathrm{A}] = -k\mathrm{t} + \mathrm{C}$$

Cは積分定数です。この関係を図示しているのが前項の図4-12です。縦軸が対数、横軸が真数の片対数グラフになっているのにお気づきですね。

反応速度係数kは絶対温度（T）に依存し $\ln k \propto -1/T$の関係があります。また、kはTと気体定数（R）と活性化エネルギー（E_a）とを使うと次のアレニウスの式が成立します。

$$k = A\exp\left(-\frac{E_a}{RT}\right)$$

ここでのAは頻度因子と呼ばれる温度に関係しない定数で、一般的なアレニウスの式の表記です。上記の物質Aではありませんので注意してください。上式の対数を取ります。

$$\ln k = \ln A - \frac{E_a}{RT}$$

測定で得たkと$1/T$のプロットの傾きからE_aが求まります。前項の図4-13がそのプロットです。

活性化エネルギーE_aはそれぞれの化学反応固有の値です。試験では、各温度でのkを測定結果から求めて、次にkからE_aを求めます。いったんE_aが決定すると各温度でのkが算出できますが、おそらくよく利用されるのはその比です。

それではゴムの加硫反応に当てはめます。加硫試験ではトルクの時間変化を調べます。そのトルク曲線の最小値 ML で反応が開始し、最大値MH で反応終了とします。トルクが上昇することを反応物質（加硫点）の濃度減少だとみなすとアレニウスの式を用いることができます。

ここでは物質Aの濃度［A］をゴムの架橋点濃度と考えます。すると$\frac{-d[A]}{dt}$は架橋点濃度の減少速度です。架橋反応は加硫促進剤などの影響を受けますが、それらの濃度が固定されると反応は基本的に架橋点濃度の減少であり、架橋点濃度に依存する一次反応と見なせます。

前項で示したゴムEPDMの活性化エネルギーは148.6（kJ/mol）でした。各温度での反応速度係数をk_{160}、k_{180}、k_{200}としましょう。反応速度は温度に依存するので、反応が一番早い200℃を基準にして、これらの比をとります。計算は次のように進められていきます。

$$\frac{k_{160}}{k_{200}}=\frac{A\exp\left(-\frac{E_a}{RT_{160}}\right)}{A\exp\left(-\frac{E_a}{RT_{200}}\right)}=\exp\left(-\frac{E_a}{RT_{160}}+\frac{E_a}{RT_{200}}\right)$$

ここで両辺の対数を取ります。

$$\ln\frac{k_{160}}{k_{200}}=-\frac{E_a}{RT_{160}}+\frac{E_a}{RT_{200}}=\frac{E_a}{R}\left(-\frac{1}{T_{160}}+\frac{1}{T_{200}}\right)=-3.5$$

計算には絶対温度を使い、R=8.314、E_a=148.6x10^3（単位は省略）を代入しました。するとこの比は次のようになります。

$$\frac{k_{160}}{k_{200}}=e^{-3.5}\approx 0.03$$

同様の計算をすると、$k_{180}/k_{200}\approx 0.19$になります。

このEPDMの加硫では、200℃での加硫速度を1と仮定すると、160℃の加硫速度は200℃の0.03倍、言い換えると反応終了までの時間は33倍かかることになります。また180℃では速度は0.19倍、反応時間は5倍になります。

この温度と反応時間の関係をゴム業界の方は「等価加硫」と呼んでいます。ゴムや合成樹脂などプラスチックは熱伝導が低く、タイヤのように厚肉製品製造では表面は短時間に加熱されても内部の温度はなかなか上昇せずに温度勾配が生じます。製品の表面だけが加硫（架橋）されても内部がそうでなければ強度は不均一です。活性化エネルギーを利用して内部の加硫が完了するまでの時間を決定します。

加硫（架橋）剤や反応促進剤などの組み合わせが変わればE$_a$は変わります。中学高校時代に温度が10℃高くなると反応速度は2倍になると教わりますが、どんな反応なのか、基準温度は何℃なのか、E_aはいくらなのかを確認することはとても大切です。活性化エネルギーを学んで大人になった理系技術人でも温度10℃上昇→反応速度2倍に縛られている方は少なくないようです。

4-09 ペイン効果　フィラーの分散評価

プラスチック原料がそれ単体で製品化されることはありません。酸化防止剤、色を付ける顔料、補強剤など何らかの添加剤が目的に応じて混合されています。軟らかいプラスチックを補強するのにフィラーが用いられます。本項ではフィラーの中でもタイヤ用ゴムに混ぜられるカーボンブラック（CB）の分散を評価するための試験で「ペイン効果」と呼ばれている試験について記します。

タイヤが黒いのはCBが配合されているからです。そうすることでゴムの強度が向上します。CBで補強されていなければ、タイヤは大きな輪ゴムのようなもので、それで道路を走るとたちまち摩耗したり崩壊したりするでしょう。

レオロジー測定で内部の状況が推定できると先述しています。ゴムにCBを混錬していく過程でのCBの分散状況も測定結果に反映されます。試験条件はASTM-D8059に詳しく記載されています。これではひずみ分散試験（ダイの回転角を変えながら行う試験）を行います。

ゴム（EPDM）にCBを混錬した例を示します。混錬時間を変えてサンプリングしています。図4-14にCDCカメラを使ったCB分散度のヒストグラム、図4-15に動的粘弾性測定（ペイン効果）、図4-16に混錬時のトルクと温度をそれぞれ示しています。

ヒストグラムを見ると混錬時間が長くなると大きなCB塊（アグロメレート）が減少し小径のアグロメレートが増加することがわかります。混練時間2分と3分の結果を図示していませんが14 μmと17 μmの階級において混練時間2分から5分までの度数はほぼ等しく、この階級のアグロメートが壊れて小さい階級に移る一方で大きな階級にあったアグリメートが壊れてこの階級に移ったことが推測されます。

また、動的粘弾性測定からCBを混入すると貯蔵弾性率（G'）は低ひずみ側で上昇すること、そして混練時間とともに低下することがわかります。ト

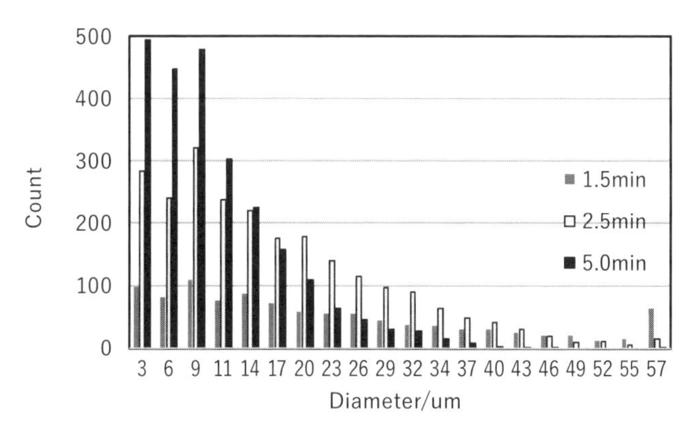

図4-14　CBアグロメレート直径のヒストグラムの混練時間による変化

混練時間1.5、2.5及び5.0分間；CBのグレードはFEF

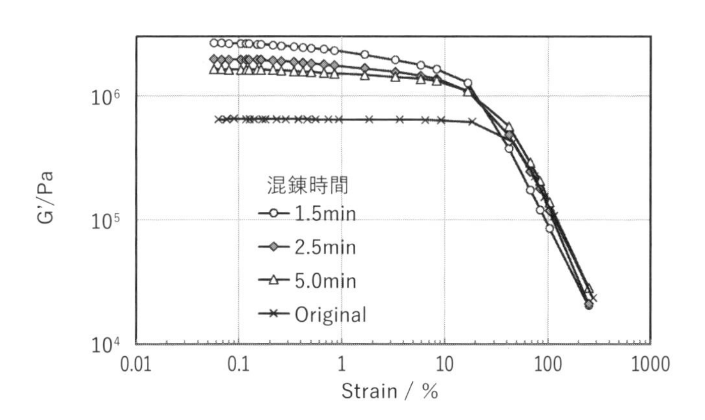

図4-15　CBを添加したゴムEPDMと原料EPDM（Original）のひずみ分散曲線

温度70°C、周波数1.0Hz

ルクもG'と類似した時間変化を示しています。この試験結果からCB塊の分散と力学測定の結果に相関があることがわかります。ちなみにムーニー粘度も測定しましたが混練時間との間に規則性は見られませんでした。長い歴史をもつムーニー粘度測定ですが、このためにフィラーの分散の評価にムーニー粘度は使われてこなかったのでしょう。

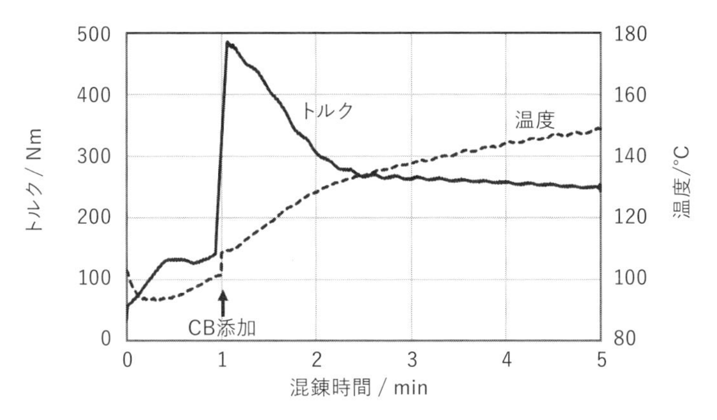

図4-16　EPDMとCBの混練中のトルクと温度の経時変化

COLUMN ⑬

角速度とひずみ速度

加硫試験のキュアメーターはダイが時計・反時計方向に動くダイナミック試験です。装置の概要も試験条件もJIS、ASTM、ISOで規定されています。加硫の英語がキュア（cure）なのでキュアメーターと言いますが、このほかにもダイやローターが時計・反時計方向に動く動的粘弾性装置は在ります。

この項では動的粘弾性測定のひずみ速度について記します。これは規格には記載されていませんので算出しましょう。

まずは円盤が静的な等速円運動をする角速度について記します。運動のパラメータを表に、その様子を図にします。

等速円運動の各パラメータ

パラメータ	速度	角速度	半径	円周	周期
記 号	v [m/s]	ω [rad/s]	r [m]	$2\pi r$ [m]	T [s]

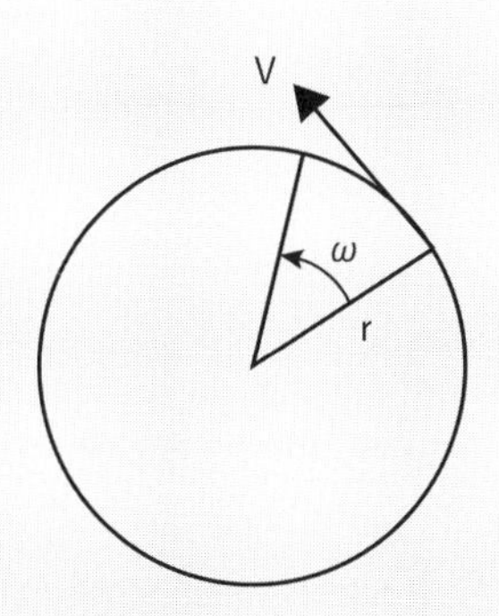

等速円運動の各パラメータ

速度の角速度の関係は次のように表されます。

$v = 2\pi r/T$ … 円周を周期で割ります

$\omega = 2\pi/T$ … 円周角を周期で割ります

$\rightarrow v = r\omega$

これは高校物理で出てきた記憶があります。

続いて動的変化の場合です。ひずみとひずみ速度は下のように表されます。

ひずみγ[単位無し]= $\gamma_0 \sin(\omega t)$

ひずみ速度$V = d\gamma/dt$[1/s]= $\gamma_0 \omega \cos(\omega t)$

ひずみ速度はひずみの時間微分ですからsin(ωt)を微分すれば簡単ですね。ひずみもひずみ速度も時間とともに大きくなったり小さくなったりしますが、一般に最大値で表現されます。sinもcosも最大値は1ですから、ひずみはγ_0、ひずみ速度は$\gamma_0\omega$です。すなわち、ひずみ速度は「ひずみ」×「角速度」で計算されます。

この時、ラジアン（rad）の扱いに注意を払ってください。ラジアンは無次元ですから定数のように計算上は扱われます。これは等速円運動での速度も同じです。

それではASTM D6601の試験条件に合わせてひずみ速度を計算しましょう。推奨されている加硫時のひずみ角は0.2deg、かっこ書きでせん断ひずみが±2.8%とあるのでダイの角度は7.1 であろうと計算されます（これによってASTMを提案したメーカーが推測できます）。

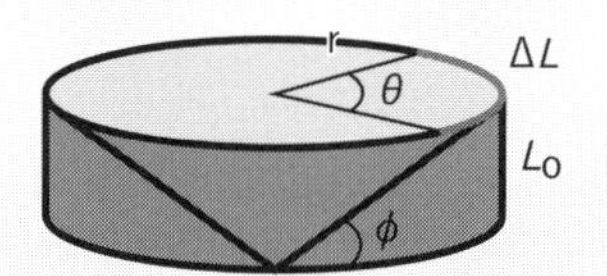

円錐（コニカル）ダイでの各パラメータ
ダイの半径r、ダイの角度ϕ、ダイの高さL_0、ひずみ角θ、ダイ末端の移動距離ΔL

$$\frac{0.2\,[\mathrm{deg}]}{2.8\,[\%]} \times 100\,[\%] = 7.1\,[\mathrm{deg}]$$

上のダイの図で表すと、$\theta = 0.2$、$\phi = 7.1$です。

ひずみは$\Delta L/L_0$ですが近似を使います。

各メーカーによってダイの半径や角度は違いますし、ASTMにもひずみ角や周波数にも許容範囲が示されていますから、使用される装置の実情に合わせて数値を変更してください。

周波数は1.67Hzと書かれており、これは100cpm（またはrpm）です。これから1.67Hzの角速度を求めます。言葉で説明するより表示したほうがわかりやすいと思いますので下表を参考にしてください。単純に単位を変換しただけで、比例計算で簡単に算出されます。

角速度の変換

Hz	cpm	rad/s	
1	60	6.28	⬅1秒間に一回転（すなわち、2π）
1.67	100	10.49	

cpm: cycle per minute、rpmのrはrotation。

ひずみ速度は「ひずみ」×「角速度」ですから、(2.8%) × (10.49) = 0.29 [s^{-1}] となります。もちろんひずみは2.8% = 0.028として計算します。

上述しているように、ラジアン（rad）は単位から消えます。円の面積を計算するときもπは3.14radなのですがradは消えているのと同じことですね。

附　録

［推薦図書］今後の学習のために

本書では高分子レオロジー測定の基本を概説しました。第1項でレオロジー測定の対象物質をいくつか列記していますが、いろんな物質個々の測定結果は他の文献を参考してください。レオロジーに関する文献はたくさんあります。ここでは本書の対象であるレオロジー初心者向けの日本語図書をいくつか紹介します。

まずは縦書きの本です。

①おもしろレオロジー　増渕雄一 技術評論社（2010）

食品や血液など身の回りの物質のレオロジー現象や宇宙の暗黒物質にまで言及されたとてもわかりやすく楽しい本です。これもレオロジー現象なのかと思うことしばしばです。

②キッチンで体験 レオロジー　尾崎邦宏　裳華房（1996）

実験名人（NHK教育による）で、碩学な著者が身近な台所周りのレオロジー現象を平易な言葉で綴っておられますが、なかなか深い内容です。

③流れる個体　中川鶴太郎　岩波書店（1975）

中高生向けに書かれた本ですので解りやすいです。出版から半世紀が経っていますが基本は基本で変わりようがないです。図書館で書庫から出してもらってください。

続いて理系人でレオロジー初心者向けの本と文献です。

④測定から読み解くレオロジーの基礎知識　上田隆宣　日刊工業新聞社（2012）

数学を使わないをモットーに著者はほかにも二冊の本を初心者向けに上梓されています。レオロジー初心者もさらっと読める本です。

⑤入門講座 やさしいゴムの物理　日本ゴム協会誌　（2007-2010）

日本ゴム協会が足掛け４年にわたって特集した高分子とゴムにかかわる物理が易しく説明されています。高分子科学では避けて通れない統計力学も解りやすく記載されています。無料でダウンロードできます。同協会誌は時折レオロジーの説明を連載していますので利用されるとよいでしょう。

⑥レオロジー基礎論　村上健吉　産業図書（1991）

同著者は縦書きの「やさしいレオロジー 産業図書（1986）」で一般向けに書いておられますが、理系人でしっかりとレオロジーに取り組むための入門書としては本書がお薦めです。「新講座・レオロジー」の前に読んでおくとよいでしょう。

以降は高分子物性やレオロジーを本格的・専門的にやる大学院生や専門家向けの成書です。初心者が不用意に飛び込むと「？」の連続になるでしょう。

⑦レオロジーの世界　尾崎邦宏　北森出版（2011）

②と同じ著者です。科学としてのレオロジーがとてもスマートかつコンパクトに記載されています。まるで大学院での授業を聞いているかのようでした。

⑧新講座・レオロジー　日本レオロジー学会編　高分子刊行会（2014）

前書「講座・レオロジー（1992）」の執筆者が現役を引退されたので後継者の先生方が新たにレオロジーの基礎を記載されています。前書に比べて数学色が濃くなっていますが本格的に学ぶためには避けては通れません。

⑨高分子の構造と物性　松下裕秀・編著　講談社（2013）

ペンを持ち時間をかけて読むテキストで、斜め読みはできません。レオロジー関係は第３～4章にあります。

⑩レオロジーの測定とコントロール 一問一答集　田崎裕人・企画編集　技術情報協会（2010）

様々な工業分野での多くの研究者が執筆している成書です。どんな分野でレオロジーが使われているかを知るインデックスとして便利です。執筆者への割り当てが数ページしかなく、異なる執筆者がそれぞれの緒言に同じレオロジー内容を書いたりしているので、本来の説明が言葉少なになるのは仕方ないかもしれません。

上記のほかにもレオロジーが関連の成書はありますので、読者の理解度に合わせて読まれるとよいでしょう。

索 引

あ

か

さ

た・な・は

ま・や・ら

レオロジーの基本的な用語の簡単な説明

ひずみ	単位長さ当たりの変形量。「変形した長さ÷元の長さ」で定義される
ひずみ速度	単位時間当たりのひずみ。ひずみの時間微分
応力	単位面積当たりにかかる力
粘性	一般的には粘度という。流れやすさの指標
弾性	変形させた状態から元の状態に戻ろうとする性質。硬さの指標
粘弾性	粘性と弾性を合わせ持つ物体の性質。身近ではプラスチックや食品などがこの性質を有する
粘性率	ひずみ速度と応力の比例係数
弾性率	ひずみと応力の比例係数
静的変形	一方向だけに変形が加えられる
動的変形	三角関数で表されるような、行ったり来たりの変形を繰り返す
貯蔵弾性率	G'（G プライム）で表わされる。動的ひずみをサイン波で与えると同じサイン波で応答する弾性項
損失弾性率	G''（G ダブルプライム）で表わされる。動的ひずみをサイン波で与えるとコサイン波で応答する粘性項。コサインはサインの微分形
複素弾性率	G^*（G スター）で表される。実際に測定される値で、これを分解して G' と G'' に分ける

tan δ	タンデルタ。G'' と G' の比。「粘性項÷弾性項」であるため1より大きければ粘性効果が大きく、1より小さければ弾性効果が大きい。流れやすさの指標とされる
バネ	弾性のモデル。変形に追随する。外から与えられた変形のエネルギーを蓄積する
ダッシュポット	粘性のモデル。瞬時の変化に対応できない。外から与えられた変形のエネルギーを散逸する
マックスウェルモデル	バネとダッシュポットを直列に配したモデル。応力緩和の説明に利用される
フォークトモデル	バネとダッシュポットを並列に配したモデル。クリープの説明に利用される
時間 - 温度換算則	長時間の測定データは高温での測定データと等価であるという法則
マスターカーブ	時間 - 温度換算則を利用して、基準の温度データにいくつもの温度で測定したデータを重ね合わせて一つの曲線に仕上げたもの。広範囲の変化を一目で見ることができる
シフトファクター (a_T)	時間 - 温度換算則を利用して、基準の温度データにそれぞれの温度で測定したデータを重ねるために横軸にずらした移動量

【参考文献】

1 流れる固体　中川鶴太郎　岩波書店（1975）

2 化学者のためのレオロジー　小野木重治　化学同人（1982）

3 レオロジー基礎論　村上健吉　産業図書（1991）

4 講座・レオロジー　日本レオロジー学会編　高分子刊行会（1992）

5 高分子科学の基礎 第2版　高分子学会編　東京化学同人（1994）

6 レオロジーの世界 尾崎邦宏　北森出版（2011）

7 入門講座 やさしいゴムの物理　日本ゴム協会誌（2007-2010）

8 高分子辞典　第3版　高分子学会編　朝倉書店（2005）

9 ASTM D6048-07

10 ASTM D6601-02

11 ASTM D7723-11

12 ASTM D8059-16

13 ISO 6502：2016（E）

14 ISO 11345：2006（E）

15 JIS K6297

16 JIS K7161

17 Onogi S, Masuda T and Kitagawa K, Macromolecules, 3（2), 109（1970）

18 Colby RH, Fetters LJ and Graessley WW, Macromolecules 20（9), 2226（1987）

19 Araki O, Yoshizawa T, Takigawa K and Masuda T, Polymer Journal, 32（2), 97（2000).

20 Properties and Structure of Polymers　A.V. Tobolsky John Wiley（1960）

【著者略歴】

●学 歴

1987年　北海道大学理学部高分子学科卒業

1989年　北海道大学大学院環境科学研究科修了

1997年　京都大学大学院工学研究科材料化学専攻博士課程単位取得退学

●職 歴

1989年　日本石油化学株式会社（現ENEOS株式会社）樹脂研究所

1998年　京都大学工学研究科助手

2000年　テキサス工科大学博士研究員

2019年　アルフファテクノロジーズなど数社を経て

2022年　都内の大学に短期間の派遣研究員　現在に至る

●著 書

「蚊の科学」（日刊工業新聞社おもしろサイエンス 2007年）

粘性と弾性の話からやさしく解き明かす
レオロジーの基本

NDC428

2023年3月30日　初版1刷発行

定価はカバーに表示されております。

著　者　荒木　修
発行者　井水治博
発行所　日刊工業新聞社

〒103-8548　東京都中央区日本橋小網町14-1
電話　書籍編集部　03-5644-7490
　　　販売・管理部　03-5644-7410
　　　FAX　03-5644-7400
振替口座　00190-2-186076
URL　https://pub.nikkan.co.jp/
email　info@media.nikkan.co.jp

印刷・製本　新日本印刷

落丁・乱丁本はお取り替えいたします。　2023　Printed in Japan

ISBN 978-4-526-08264-1